Illustration
of Alien Invasive Plants in Jiangxi Province

江西省外来入侵植物彩色图鉴

周春火 唐明 赵尊康 主编

科学出版社

北京

内 容 简 介

本书共收录江西省外来入侵植物43科102属150种（含种下等级），主要为草本植物。其中蕨类植物1种，即细叶满江红，其余均为被子植物。描述了各入侵植物的主要形态特征、物候、分布、危害和入侵等级，并提供了相应的植物照片。

本书照片精美、特征清晰，具有较强的实用性，可供自然保护区、森林公园、城市绿化部门的工作人员，以及从事农林业相关工作与入侵植物研究的科研人员参考使用，同时可以提高其他读者对外来入侵植物的认识。

图书在版编目（CIP）数据

江西省外来入侵植物彩色图鉴 / 周春火，唐明，赵尊康主编. —北京：科学出版社，2024.5
ISBN 978-7-03-078564-0

Ⅰ. ①江… Ⅱ. ①周… ②唐… ③赵… Ⅲ. ①外来入侵植物–江西–图集 Ⅳ. ①S45-64

中国国家版本馆CIP数据核字（2024）第100743号

责任编辑：张会格　薛　丽 / 责任校对：严　娜
责任印制：肖　兴 / 封面设计：金舵手世纪

科学出版社 出版
北京东黄城根北街16号
邮政编码：100717
http://www.sciencep.com

北京汇瑞嘉合文化发展有限公司印刷
科学出版社发行　各地新华书店经销

*

2024年5月第 一 版　开本：889×1194　1/16
2024年5月第一次印刷　印张：10 3/4
字数：342 000
定价：228.00元
（如有印装质量问题，我社负责调换）

编委会
《江西省外来入侵植物彩色图鉴》

名誉主编： 刘 晖 黄振侠

主 编： 周春火 唐 明 赵尊康

副 主 编： 邹 芹 李 志 于 宏 向小果

编 委（以姓氏拼音为序）：

江西农业大学	蔡军火 樊 昱 刘 彤 骆 浩 马晨晨 彭国兴
	钱庆炭 唐 明 唐子健 王 丹 王 睿 王金亮
	王逸田 肖梓暄 徐 莹 杨广哲 赵廖成 赵尊康
	周春火 周锦勋 周漪波
江西省农业农村厅	黄振侠 刘 晖 唐 梦 王 军
江西庐山国家级自然保护区管理局	张 毅 邹 芹
上饶市林业科学研究所	沈爱民 吴雪惠 于 宏
贵州大学	李 志
南昌大学	向小果
井冈山大学	曹裕松
南昌市农业农村局	万云标
赣南树木园	王义平
江西马头山国家级自然保护区管理局	熊 宇
江西省中国科学院庐山植物园	梁同军
江西省林业科学院	董 琛
江西环境工程职业学院	周志光
铅山县农业农村局	何检荣
萍乡市农业技术推广中心	温娇萍

摄 影 者： 唐 明 赵廖成 钱庆炭 骆 浩
樊 昱 朱鑫鑫 曾佑派 严 靖

前 言
《江西省外来入侵植物彩色图鉴》

  生物入侵已经威胁到全球生态安全和生物安全。据《2019中国生态环境状况公报》，我国已发现外来入侵物种660多种，其中71种被中华人民共和国生态环境部列入《中国外来入侵物种名单》，对自然生态系统和生物安全造成了极大的威胁，我国已经成为遭受生物入侵危害最严重的国家之一。就入侵植物而言，以加拿大一枝黄花、凤眼蓝、空心莲子草、豚草、大藻、紫茎泽兰、微甘菊、互花米草等为代表的外来入侵植物分布于全国大部分地区或在部分省份泛滥成灾，侵占本土植物生存空间、破坏农林作物生存环境，给我国农林业生产造成了巨大的经济损失和生态危害。

  江西省已报道的外来入侵植物达200余种，其中不乏加拿大一枝黄花、三裂叶薯、大狼杷草、凤眼蓝、苏门白酒草、豚草等入侵危害极大的物种，对江西省生物多样性及生态环境造成了严重危害，对农林业生产造成的损失尤为巨大。开展和加强江西省外来入侵植物防控，对于保护江西省生物多样性及生态环境具有重要意义。然而，江西省外来入侵植物调查研究尚处于起步阶段，公众也缺乏对外来入侵物种的基本认识。已有的前期数据多基于标本和文献数据，野外调查较少。江西省外来入侵植物种类有哪些？究竟有多少种？造成主要入侵危害的植物有哪些？其分布范围、危害对象等许多内容均不够完善，因此，对江西省外来入侵植物进行本底调查具有极大的意义。

  2018年以来，我们对江西省外来入侵植物展开了全面的调查，拍摄照片、采集标本，记录和获得了江西省外来入侵植物种类、入侵生境、危害对象和分布状况等大量基础资料。根据前期调查结果，编者将江西省主要外来入侵植物的生境、叶、花、果实等照片汇集成册，编制成《江西省外来入侵植物彩色图鉴》。本图鉴照片力求精美、特写清晰，以期为从事植物研究、农林业相关工作和生产的人员提供准确的鉴定依据，并提高其他读者对外来入侵植物的认识。

  本书绝大部分照片由唐明、赵廖成、骆浩、钱庆炭、樊昱等拍摄。在本书编撰过程中，信阳师范大学的朱鑫鑫、中国科学院华南植物园的曾佑派、上海辰山植物园的严靖为本书提供了部分照片。同时，北京师范大学的刘全儒教授和上海辰山植物园的严靖博士在百忙之中对全书进行了审校。此外，本书编写得到了农业农村部、江西省农业农村厅等单位领导的大力支持，在此一并致谢。

  限于编者水平，本书存疑、疏漏之处在所难免，还请广大读者批评指正。

唐 明

2024年4月10日

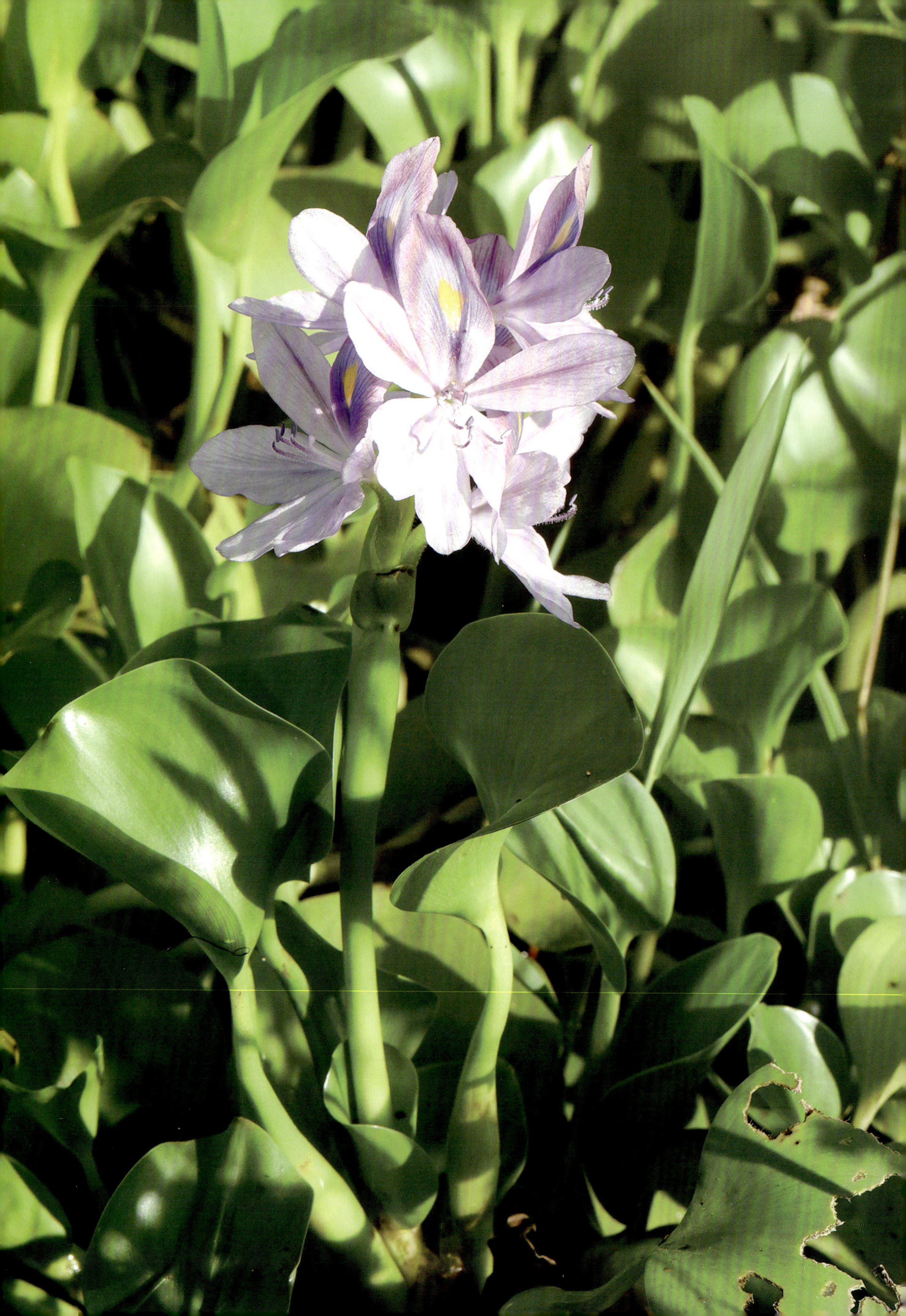

编写说明
《江西省外来入侵植物彩色图鉴》

  收录名称。本书收录的物种主要以编者进行的江西省外来入侵植物调查结果为基础，这些物种均在野外建立了相对稳定的种群，并且已被《中国外来入侵植物名录》收录。植物鉴定、中文名、拉丁名、俗名主要参考了 Flora of China 和"植物智"网站。

  系统排列。本书被子植物科名按照 APG IV 系统排列，属名和种加词按照拉丁名首字母顺序进行排列。

  物种描述。物种描述主要参考《中国植物志》、《中国外来入侵植物志》和"植物智"网站，包括茎、叶、花、果和物候等主要形态性状描述，尽量不涉及数量性状；物种分布信息主要基于近年对江西省外来入侵植物项目调查的结果，并参考江西已有标本和文献记录。

  入侵等级确定原则。入侵等级主要参考《中国外来入侵植物名录》；入侵分布广泛，超过一半以上县市，造成的危害严重，或为中华人民共和国生态环境部公布的前四批中国外来入侵物种名单的植物，可列为一级；入侵分布较为广泛，至少超过1/3以上县市，造成的危害较为严重，或为中华人民共和国生态环境部公布的前四批中国外来入侵物种名单的植物，可列为二级；入侵分布较为广泛，至少超过1/10以上县市，造成的危害一般，可列为三级；入侵分布较为局限，或仅在少数地区出现，或虽然分布广泛，但造成的危害很小，可列为四级；一般为栽培种偶见逸生的种类，或偶见分布报道的种类，可列为五级。

  植物照片。本书植物照片一般包括生境、体态、叶、花、果等，力求全方位展示植物主要识别特征，确保清晰、准确。个别种因物候原因或者采样困难，没有拍到比较好的繁殖器官的特写照片，将在再版时进行修改和补充。

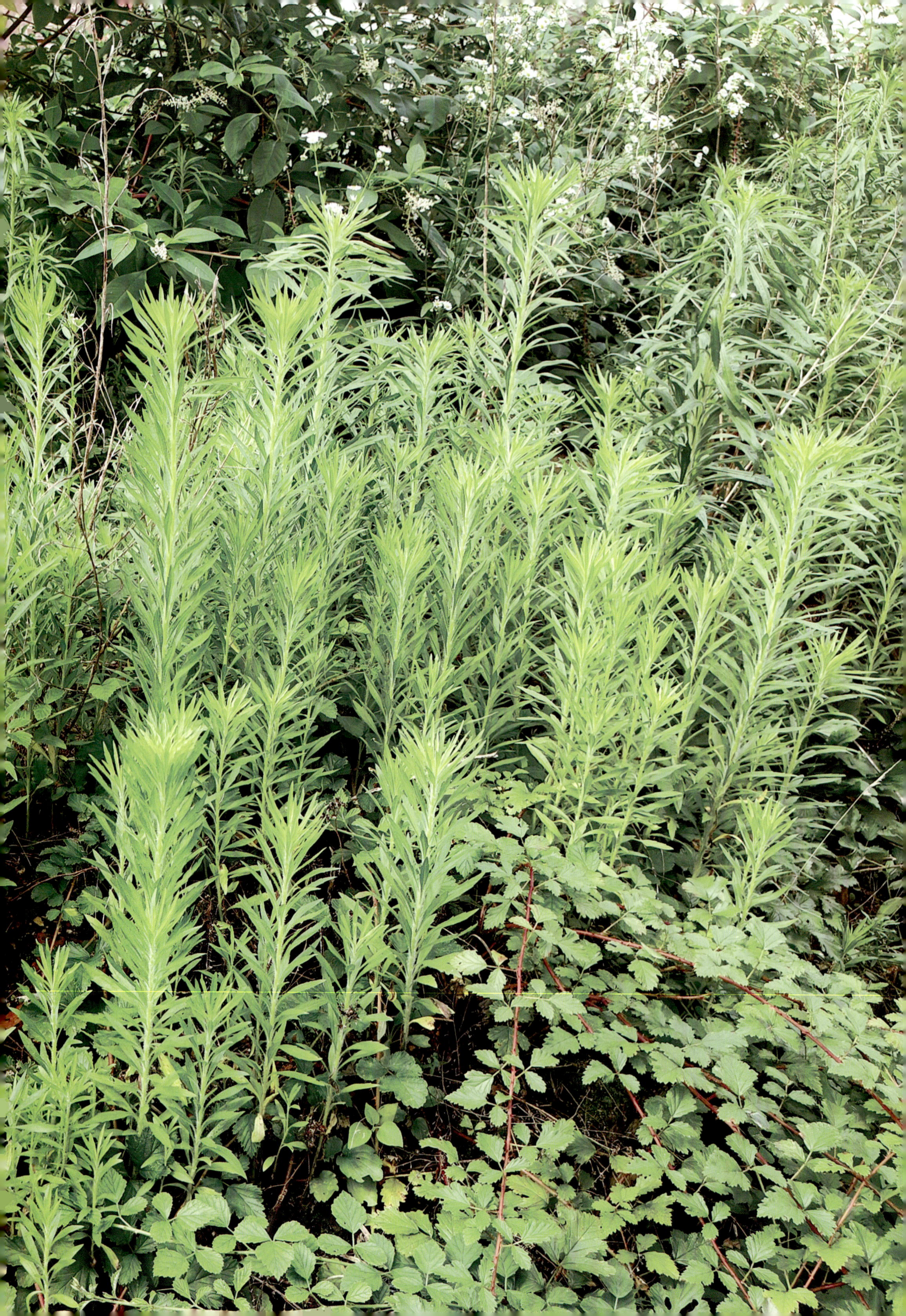

目 录
《江西省外来入侵植物彩色图鉴》

槐叶蘋科 Salviniaceae ······ 001
    满江红属 *Azolla* ······ 001

胡椒科 Piperaceae ······ 002
    草胡椒属 *Peperomia* ······ 002

天南星科 Araceae ······ 003
    大薸属 *Pistia* ······ 003

鸢尾科 Iridaceae ······ 004
    鸢尾属 *Iris* ······ 004

雨久花科 Pontederiaceae ······ 005
    凤眼蓝属 *Eichhornia* ······ 005

禾本科 Poaceae ······ 006
    燕麦属 *Avena* ······ 006
    雀麦属 *Bromus* ······ 007
    蒺藜草属 *Cenchrus* ······ 008
    黑麦草属 *Lolium* ······ 009
    糖蜜草属 *Melinis* ······ 011
    黍属 *Panicum* ······ 012
    雀稗属 *Paspalum* ······ 013

毛茛科 Ranunculaceae ······ 015
    毛茛属 *Ranunculus* ······ 015

景天科 Crassulaceae ······ 016
    伽蓝菜属 *Kalanchoe* ······ 016

小二仙草科 Haloragaceae ······ 018
    狐尾藻属 *Myriophyllum* ······ 018

葡萄科 Vitaceae ······ 019
    地锦属 *Parthenocissus* ······ 019

豆科 Fabaceae ······ 020
    相思树属 *Acacia* ······ 020
    猪屎豆属 *Crotalaria* ······ 021
    山蚂蝗属 *Desmodium* ······ 023
    木蓝属 *Indigofera* ······ 024
    苜蓿属 *Medicago* ······ 025
    草木樨属 *Melilotus* ······ 027
    含羞草属 *Mimosa* ······ 029
    决明属 *Senna* ······ 031
    田菁属 *Sesbania* ······ 032
    车轴草属 *Trifolium* ······ 033

大麻科 Cannabaceae ······ 035
    大麻属 *Cannabis* ······ 035

荨麻科 Urticaceae ······ 036
    冷水花属 *Pilea* ······ 036

秋海棠科 Begoniaceae ······ 037
    秋海棠属 *Begonia* ······ 037

酢浆草科 Oxalidaceae ······ 038
    酢浆草属 *Oxalis* ······ 038

西番莲科 Passifloraceae ······ 041
    西番莲属 *Passiflora* ······ 041

大戟科 Euphorbiaceae ······ 042

　　　　大戟属 *Euphorbia* ……………………… 042

叶下珠科 **Phyllanthaceae** ………………… 047
　　　　叶下珠属 *Phyllanthus* ………………… 047

牻牛儿苗科 **Geraniaceae** ………………… 048
　　　　老鹳草属 *Geranium* …………………… 048

柳叶菜科 **Onagraceae** …………………… 049
　　　　月见草属 *Oenothera* ………………… 049

锦葵科 **Malvaceae** ………………………… 055
　　　　苘麻属 *Abutilon* ……………………… 055
　　　　木槿属 *Hibiscus* ……………………… 056
　　　　赛葵属 *Malvastrum* …………………… 057

十字花科 **Brassicaceae** …………………… 058
　　　　独行菜属 *Lepidium* …………………… 058
　　　　豆瓣菜属 *Nasturtium* ………………… 060

石竹科 **Caryophyllaceae** ………………… 061
　　　　麦仙翁属 *Agrostemma* ………………… 061
　　　　卷耳属 *Cerastium* …………………… 062
　　　　石头花属 *Gypsophila* ………………… 063
　　　　繁缕属 *Stellaria* ……………………… 064

苋科 **Amaranthaceae** ……………………… 065
　　　　莲子草属 *Alternanthera* ……………… 065
　　　　苋属 *Amaranthus* ……………………… 066
　　　　腺毛藜属 *Dysphania* ………………… 072

商陆科 **Phytolaccaceae** …………………… 073
　　　　商陆属 *Phytolacca* …………………… 073

紫茉莉科 **Nyctaginaceae** ………………… 074
　　　　叶子花属 *Bougainvillea* ……………… 074
　　　　紫茉莉属 *Mirabilis* …………………… 075

落葵科 **Basellaceae** ……………………… 076
　　　　落葵薯属 *Anredera* …………………… 076

土人参科 **Talinaceae** ……………………… 077
　　　　土人参属 *Talinum* …………………… 077

马齿苋科 **Portulacaceae** ………………… 078
　　　　马齿苋属 *Portulaca* ………………… 078

仙人掌科 **Cactaceae** ……………………… 079
　　　　仙人掌属 *Opuntia* …………………… 079

凤仙花科 **Balsaminaceae** ………………… 080
　　　　凤仙花属 *Impatiens* ………………… 080

茜草科 **Rubiaceae** ………………………… 081
　　　　丰花草属 *Spermacoce* ………………… 081

夹竹桃科 **Apocynaceae** ………………… 082
　　　　马利筋属 *Asclepias* …………………… 082
　　　　长春花属 *Catharanthus* ……………… 083

旋花科 **Convolvulaceae** ………………… 084
　　　　番薯属 *Ipomoea* ……………………… 084

茄科 **Solanaceae** ………………………… 090
　　　　曼陀罗属 *Datura* ……………………… 090
　　　　假酸浆属 *Nicandra* …………………… 093
　　　　洋酸浆属 *Physalis* …………………… 094
　　　　茄属 *Solanum* ………………………… 095

车前科 **Plantaginaceae** …………………… 099
　　　　车前属 *Plantago* ……………………… 099
　　　　野甘草属 *Scoparia* …………………… 100

车前科 **Plantaginaceae** …………………… 101
　　　　婆婆纳属 *Veronica* …………………… 101

紫葳科 **Bignoniaceae** …………………… 103
　　　　猫爪藤属 *Macfadyena* ………………… 103

马鞭草科 **Verbenaceae** ………………… 104
　　　　马缨丹属 *Lantana* …………………… 104
　　　　马鞭草属 *Verbena* …………………… 106

唇形科 **Lamiaceae** ……………………… 108
　　　　山香属 *Mesosphaerum* ………………… 108
　　　　罗勒属 *Ocimum* ……………………… 109
　　　　水苏属 *Stachys* ……………………… 110

菊科 Asteraceae ·········· 111
 藿香蓟属 *Ageratum* ·········· 111
 豚草属 *Ambrosia* ·········· 113
 鬼针草属 *Bidens* ·········· 114
 飞机草属 *Chromolaena* ·········· 117
 菊苣属 *Cichorium* ·········· 118
 金鸡菊属 *Coreopsis* ·········· 119
 秋英属 *Cosmos* ·········· 121
 野茼蒿属 *Crassocephalum* ·········· 123
 地胆草属 *Elephantopus* ·········· 124
 飞蓬属 *Erigeron* ·········· 125
 天人菊属 *Gaillardia* ·········· 130
 牛膝菊属 *Galinsoga* ·········· 131
 向日葵属 *Helianthus* ·········· 133
 滨菊属 *Leucanthemum* ·········· 134
 假泽兰属 *Mikania* ·········· 135
 银胶菊属 *Parthenium* ·········· 136
 假臭草属 *Praxelis* ·········· 137
 一枝黄花属 *Solidago* ·········· 138
 裸柱菊属 *Soliva* ·········· 139
 苦苣菜属 *Sonchus* ·········· 140
 蟛蜞菊属 *Sphagneticola* ·········· 141
 联毛紫菀属 *Symphyotrichum* ·········· 142
 金腰箭属 *Synedrella* ·········· 143
 肿柄菊属 *Tithonia* ·········· 144
 羽芒菊属 *Tridax* ·········· 145
 百日菊属 *Zinnia* ·········· 146

五加科 Araliaceae ·········· 147
 天胡荽属 *Hydrocotyle* ·········· 147

伞形科 Apiaceae ·········· 148
 细叶旱芹属 *Cyclospermum* ·········· 148
 胡萝卜属 *Daucus* ·········· 149
 刺芹属 *Eryngium* ·········· 150

参考文献 ·········· 151
中文名索引 ·········· 153
拉丁名索引 ·········· 155

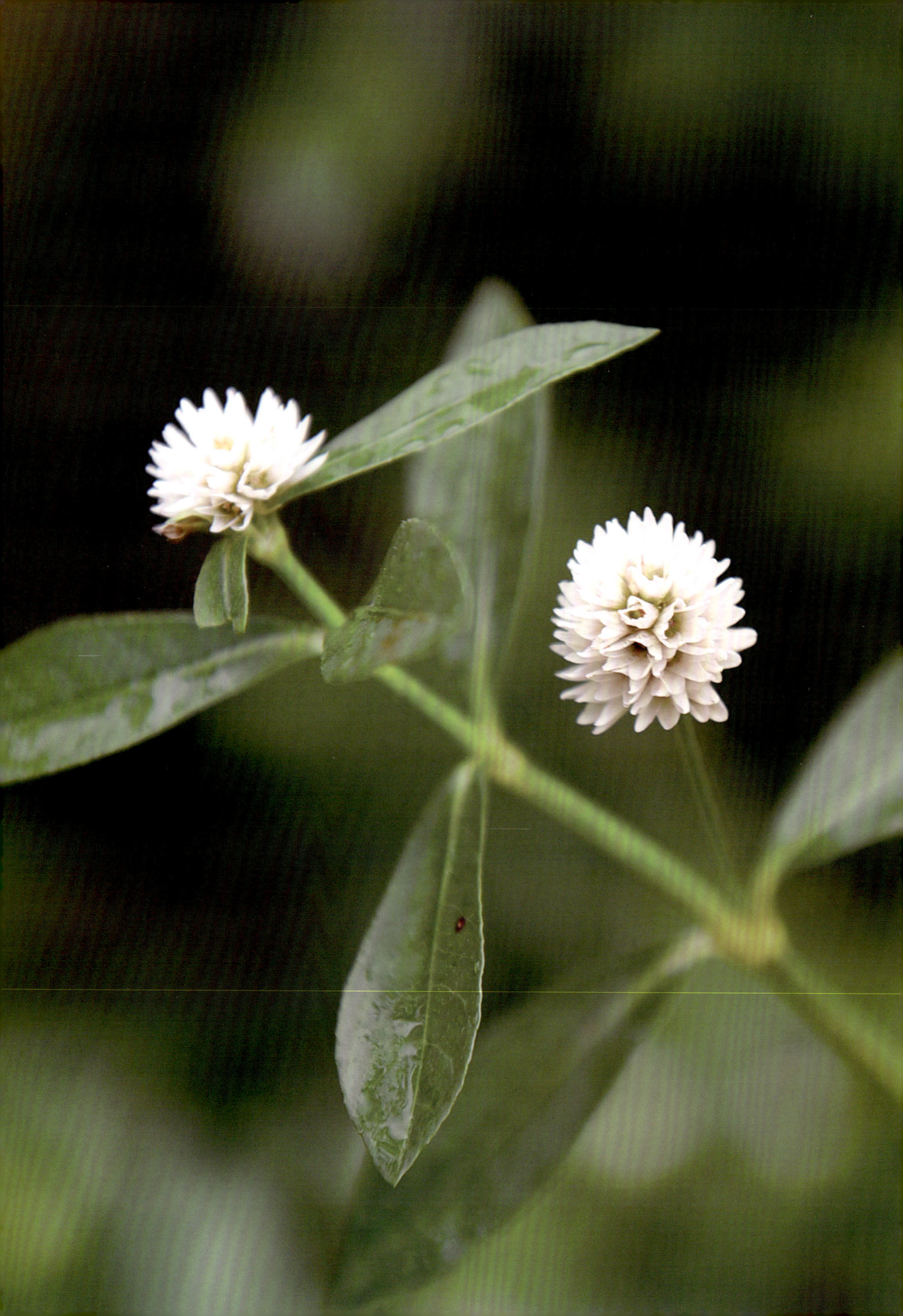

细叶满江红 蕨状满江红、细绿萍、细满江红
Azolla filiculoides Lam.

槐叶蘋科
Salviniaceae

满江红属
Azolla

植物形态： 小型漂浮蕨类，植株卵形或三角形。根茎细长，横走，侧枝腋外生且其数目比茎叶数目少。叶互生，无柄，覆瓦状在茎枝排成2行；叶片背裂片长圆形或卵形，绿色，秋后随气温降低渐变为红色。大孢子囊外壁有3个浮膘，小孢子囊内的泡胶块有无分隔锚状毛。

分 布： 全省均有分布，散见于池塘、水库等水面。

危 害： 繁殖速度惊人，易造成水体缺氧，影响水质。

入侵等级： 三级。

001

胡椒科
Piperaceae

草胡椒属
Peperomia

草胡椒 透明草、豆瓣绿、软骨草
Peperomia pellucida (L.) Kunth

植物形态： 一年生草本。茎肉质，直立或基部有时平卧，无毛，下部节上常生不定根。叶互生，叶片膜质，宽卵形或卵状三角形。穗状花序顶生或与叶对生，花疏生。小坚果球形。

物　　候： 花期4-7月；果期5-8月。

分　　布： 赣州市（崇义县、定南县、全南县、上犹县）、景德镇市（珠山区）、九江市（庐山市、永修县），生长于林下湿地、石缝中或宅舍墙脚下。

危　　害： 繁殖能力强，容易蔓延成片，成为优势群落，破坏生态系统的结构和功能，降低生物多样性及物种丰富度。

入侵等级： 四级。

大藻 水白菜、水荷莲、肥猪草
Pistia stratiotes L.

天南星科
Araceae

大藻属
Pistia

植物形态：水生飘浮草本。须根，多数，长而悬垂，羽状，密集。茎节间短。叶簇生成莲座状，倒三角形、倒卵形、扇形，基部密被毛；叶脉扇状伸展，背面明显隆起，折皱状。佛焰苞白色。浆果卵圆形。种子圆柱形。

物　　候：花期5-11月；果期7-12月。

分　　布：全省均有分布，散见于池塘、水库、河流等多种水面。

危　　害：阻碍阳光，也阻碍了空气中的氧气进入水体，从而导致水体变质，影响原有生物的存活和生长。

入侵等级：一级。

003

鸢尾科
Iridaceae

鸢尾属
Iris

黄菖蒲 黄鸢尾、黄花鸢尾、水生鸢尾
Iris pseudacorus L.

植物形态：多年生草本。根状茎粗壮。基生叶灰绿色，宽剑形。花黄色，两轮，外花被裂片卵圆形或倒卵形，中部有黑褐色花纹，内花被裂片倒披针形；花药黑紫色；花柱分枝淡黄色，顶端裂片半圆形；子房绿色，三棱状柱形。蒴果长形，内有种子多数。种子褐色，有棱角。

物　　候：花期5月；果期6-8月。

分　　布：全省均有分布，常于水体边栽培，偶见逸生。

危　　害：营养繁殖速度快，易破坏水岸边植物丰富度，本省暂无较大危害。

入侵等级：五级。

凤眼蓝 凤眼莲、水浮莲、水葫芦
Eichhornia crassipes (Mart.) Solms

植物形态：浮水草本。茎极短，具长匍匐枝。叶基生，莲座状排列，圆形、宽卵形或宽菱形，全缘，弧形脉，叶柄中部膨大成囊状或纺锤形，基部有鞘状苞片。穗状花序，花被片基部合生成筒，卵形、长圆形或倒卵形，蓝紫色；雄蕊6，贴生花被筒，3长3短。蒴果卵形。种子多数。

物　　候：花期7-9月；果期8-11月。

分　　布：全省均有分布，常见于沟渠、池塘、河流各类水体。

危　　害：阻碍航道，影响航运；限制了水体的流动，使水体中的溶氧量减少，抑制了浮游生物的生长，破坏了河涌生态环境。

入侵等级：一级。

雨久花科
Pontederiaceae

凤眼蓝属
Eichhornia

005

野燕麦 燕麦草、乌麦、南燕麦、香麦
Avena fatua L.

禾本科
Poaceae

燕麦属
Avena

植物形态： 一年生草本。秆无毛，或稀节部被毛。茎无毛，2-4节。叶鞘光滑或基部被微毛；叶舌膜质；叶片微粗糙。圆锥花序；小穗具2-3小花，柄下垂，先端膨胀；小穗轴密生淡棕色或白色硬毛，第二外稃有芒。颖果被淡棕色柔毛。

物　　候： 花期4-9月；果期5-10月。

分　　布： 全省均有分布，常见于农田、荒地。

危　　害： 与禾谷类作物争光、水、肥，造成农作物减产。

入侵等级： 二级。

扁穗雀麦 大扁雀麦
Bromus catharticus Vahl.

禾本科
Poaceae

雀麦属
Bromus

植物形态：一年生草本。秆直立。茎叶鞘闭合，被柔毛，叶舌长约2毫米，具缺刻；叶片散生柔毛。圆锥花序开展；分枝粗糙，具1-3小穗；小穗两侧扁，具6-11小花；小穗轴粗糙；颖窄披针形，外稃沿脉粗糙，先端具芒尖，基盘钝圆，无毛；内稃窄小，长约为外稃1/2，两脊生纤毛；雄蕊3。颖果，与内稃贴生。

物　候：花期4-9月；果期5-10月。

分　布：全省均有分布，见于路旁、荒地、田埂多类陆生生境。

危　害：繁殖适应能力强，容易形成优势群落，造成本土生物多样性丧失和农作物减产。

入侵等级：二级。

禾本科
Poaceae

蒺藜草属
Cenchrus

蒺藜草 刺蒺藜草、野巴夫草
Cenchrus echinatus L.

植物形态：一年生草本。秆部膝曲或横卧地面而于节处生根。叶线形或狭长披针形。总状花序直立；刺苞呈稍扁圆球形，宽与长近相等；刚毛在刺苞上轮状着生，总梗密具短毛，每刺苞内具小穗2-4（-6）个；小穗椭圆状披针形，顶端较长渐尖，含2小花。颖果椭圆状扁球形。

物　　候：花果期6-8月。

分　　布：全省均有分布，见于路旁、荒地、田埂多类陆生生境。

危　　害：繁殖适应能力强，容易形成优势群落，造成本土生物多样性丧失。

入侵等级：二级。

多花黑麦草 意大利黑麦草
Lolium multiflorum Lam.

禾本科 Poaceae

黑麦草属 *Lolium*

植物形态：一年生，越年生或短期多年生草本。叶鞘疏散；叶舌长达4毫米，有时具叶耳。穗形总状花序，小穗具10-15小花；小穗轴节间无毛；颖披针形，具窄膜质边缘，先端钝，通常与第一小花等长。颖果长圆形，长为宽的3倍。

物　　候：花期7-8月；果期8-10月。

分　　布：全省均有分布，常见于农田、荒地。

危　　害：繁殖适应能力强，容易形成优势群落，造成本土生物多样性丧失。

入侵等级：四级。

009

禾本科
Poaceae

黑麦草属
Lolium

黑麦草 多年生黑麦草、英国黑麦草
Lolium perenne L.

植物形态： 多年生草本。具细弱根状茎。秆丛生，质软，基部节上生根。叶舌膜质，钝圆，常具叶耳；叶片线形，扁平。顶生穗形穗状花序直立或稍弯，具交互着生的两列小穗，小穗两侧压扁，无柄，单生于穗轴各节。颖果腹部凹陷，具纵沟，与内稃黏合，不易脱离，有些在成熟后肿胀，顶端具茸毛。

物　　候： 花期4-8月；果期6-10月。

分　　布： 全省均有分布，常见于农田、荒地。

危　　害： 繁殖适应能力强，容易形成优势群落，造成本土生物多样性丧失。

入侵等级： 四级。

红毛草 笔仔草、红茅草、金丝草、文笔草
***Melinis repens* (Willd.) Zizka**

植物形态： 多年生草本。株高可达1米，节间常具疣毛，节具软毛。叶片线形；叶鞘松弛，大都短于节间，下部散生疣毛；叶舌为长约1毫米的柔毛组成。圆锥花序开展，分枝纤细；小穗柄疏生长柔毛；小穗常被粉红色绢毛。

物　　候： 花期6-9月；果期8-11月。

分　　布： 赣州市（寻乌县）、南昌市（进贤县）、上饶市（横峰县），多栽培为牧草，偶见逸生。

危　　害： 在一些地区成为群落中的优势种，影响本土生物多样性。

入侵等级： 三级。

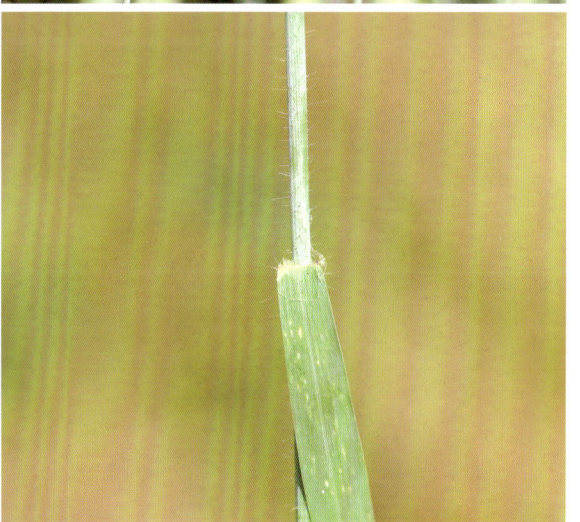

禾本科
Poaceae

糖蜜草属
Melinis

011

禾本科
Poaceae

黍属
Panicum

铺地黍 枯骨草、硬骨草
Panicum repens L.

植物形态：多年生草本。根茎粗壮发达。叶片质硬，线形，顶端渐尖，上表皮粗糙，下表皮光滑；叶鞘光滑，边缘被纤毛。圆锥花序开展；第一颖薄膜质，长约为小穗的1/4，基部包卷小穗，顶端截平或圆钝。

物　　候：花期6-9月；果期8-11月。

分　　布：全省均有分布，常见于农田、荒地多种陆生生境。

危　　害：繁殖适应能力强，容易形成优势群落，危害生态环境。

入侵等级：二级。

两耳草 八字草、叉仔草、大肚草
Paspalum conjugatum **Berg.**

植物形态： 多年生草本。植株具长达1米的匍匐茎，秆直立部分高30-60厘米。叶披针状，线形；叶鞘具脊，无毛或上部边缘及鞘口具柔毛；叶舌极短。总状花序；小穗卵形，覆瓦状排列成两行；第二颖与第一外稃质地较薄，第二颖边缘具长丝状柔毛，毛长与小穗近。颖果，胚长为颖果的1/3。

物　　候： 花期5-9月；果期6-10月。

分　　布： 全省均有分布，常见于农田、荒地多种陆生生境。

危　　害： 繁殖适应能力强，容易形成优势群落，危害生态环境。

入侵等级： 四级。

禾本科
Poaceae

雀稗属
Paspalum

丝毛雀稗 吴氏雀稗、小花毛花雀稗
Paspalum urvillei Steud.

禾本科
Poaceae

雀稗属
Paspalum

植物形态： 多年生丛生型草本。具短根状茎。叶鞘密生糙毛，鞘口具长柔毛；叶片线形，无毛或基部生毛。大型总状圆锥花序；小穗卵形，顶端尖，边缘密生丝状柔毛；第二颖与第一外稃等长、同型，具3脉；第二外稃椭圆形，革质，平滑。种子卵圆形，表面有茸毛。

物　　候： 花期3-10月；果期5-11月。

分　　布： 全省均有分布，常见于农田、荒地多种陆生生境。

危　　害： 繁殖适应能力强，容易形成优势群落，造成生物多样性丧失和农作物减产。

入侵等级： 三级。

刺果毛茛 刺果小毛茛
Ranunculus muricatus L.

毛茛科
Ranunculaceae

毛茛属
Ranunculus

植物形态：多年生草本。茎高达28厘米，近无毛。基生叶无毛，宽卵形或圆卵形，基部近平截或平截状楔形，3浅裂，中裂片菱状倒梯形，侧裂片斜卵形，不等2裂，茎生叶小。花与上部茎生叶对生；花托疏被毛；萼片5，窄卵形；花瓣5，窄倒卵形；雄蕊多数。果扁平，椭圆形，两面各生有一圈10多枚刺，刺直伸或钩曲。

物　候：花期3-5月；果期4-7月。

分　布：全省均有分布，尤其喜欢生存于湿地或林下弱光照环境。

危　害：部分地区容易形成优势群落，影响生物多样性。

入侵等级：三级。

015

大叶落地生根

Kalanchoe daigremontiana Raym.-Hamet & H. Perrier

景天科
Crassulaceae

伽蓝菜属
Kalanchoe

植物形态： 多年生肉质草本。茎单生，直立，整株光滑无毛。叶对生，肉质，长三角形，先端尖，基部渐宽，叶上具不规则的褐紫斑纹，边缘有粗齿，在缺刻处会长出不定芽，落地生根而成新的植株。复聚伞花序、顶生，花小，钟形，下垂，萼片4，花瓣4，淡紫色。蓇葖果。

物　　候： 花期1-3月；果期2-7月。

分　　布： 全省均有分布，常见栽培，偶见逸生。

危　　害： 本省暂无较大危害。

入侵等级： 五级。

棒叶落地生根
Kalanchoe delagoensis Eckl. & Zeyh.

植物形态： 粗壮的二年生植物或近似多年生植物。茎单生，直立，圆柱状。叶三叶轮生、近对生或互生，无柄，近圆柱形，有的上面有沟槽，有红褐色斑点，末端有小齿，齿上有珠芽，基部变细。总状花序顶生；苞片线形，早落；花萼近钟形，小苞片生萼筒中部或基部；花冠红色或橙红色。

分　　布： 赣州市（龙南市），栽培为主，偶见逸生。

危　　害： 本省暂无较大危害。

入侵等级： 五级。

景天科
Crassulaceae

伽蓝菜属
Kalanchoe

017

粉绿狐尾藻 大聚藻、绿狐尾藻
Myriophyllum aquaticum (Vell.) Verdc.

小二仙草科
Haloragaceae

狐尾藻属
Myriophyllum

植物形态：多年生挺水或沉水草本。植株长度50-80厘米；茎上部直立，下部具有沉水性。叶多为5叶轮生，叶片圆扇形，一回羽状，两侧有8-10片淡绿色的丝状小羽片。雌雄异株，穗状花序，白色。分果。

物　　候：花期7-8月；果期9-11月。

分　　布：全省均有分布，偶见于沟渠、水塘、湖边等水岸边。

危　　害：繁殖迅速，易形成优势群落，破坏生物多样性。

入侵等级：四级。

五叶地锦　五叶爬山虎
Parthenocissus quinquefolia (L.) Planch.

植物形态： 木质藤本。小枝无毛；嫩芽为红或淡红色；卷须总状5-9分枝，嫩时顶端尖细而卷曲，遇附着物时扩大为吸盘。掌状复叶倒卵圆形、倒卵状椭圆形，有粗锯齿，两面无毛或下面脉微被疏柔毛。圆锥状多歧聚伞花序假顶生，花序轴明显；花萼碟形，花瓣长椭圆形。果球形。种子倒卵形。

物　候： 花期6-7月；果期8-10月。

分　布： 全省均有分布，常见栽培。

危　害： 生长迅速，易攀于其他植物之上或覆盖地面，造成其他植物死亡以致生物多样性丧失，本省危害较小。

入侵等级： 五级。

葡萄科
Vitaceae

地锦属
Parthenocissus

银荆 鱼骨槐、鱼骨松
Acacia dealbata Link

豆科
Fabaceae

相思树属
Acacia

植物形态： 无刺灌木或小乔木。嫩枝及叶轴被灰色短绒毛。二回羽状复叶，银灰或淡绿色；叶轴上的羽片着生处具腺体；小叶线形或窄条形，下面或两面被灰色短柔毛。头状花序复排成腋生的总状花序或顶生的圆锥花序；花淡黄或橙黄色。荚果长圆形，扁压，无毛，通常被白霜，红棕或黑色。

物　　候： 花期4月；果期7-8月。

分　　布： 全省均有分布，常见栽培。

危　　害： 根蘖和种子繁殖能力强，易形成优势群落，破坏生物多样性和生态环境，本省危害较小。

入侵等级： 五级。

猪屎豆 黄野百合
Crotalaria pallida Ait.

植物形态： 多年生草本或呈灌木状。茎枝圆柱形，具小沟纹。叶三出；小叶长圆形或椭圆形，两面叶脉清晰。总状花序顶生；花萼近钟形；花冠黄色，伸出萼外；子房无柄。荚果长圆形，果瓣开裂后扭转，具20-30种子。

物　　候： 花期9-12月；果期11月至翌年1月。

分　　布： 全省均有分布，见于荒地、河床、堤岸等多种环境。

危　　害： 生存繁殖能力强，耐贫瘠，容易形成优势群落，影响本土植物生长，造成生物多样性丧失。

入侵等级： 五级。

豆科
Fabaceae

猪屎豆属
Crotalaria

021

光萼猪屎豆 光萼野百合、苦罗豆、南美猪屎豆
Crotalaria trichotoma **Bojer**

豆科
Fabaceae

猪屎豆属
Crotalaria

植物形态： 多年生草本或亚灌木。株高可达2米，茎枝圆柱形，具小沟纹。叶三出，小叶长椭圆形。总状花序顶生；花梗屈曲向下，结果时下垂；花冠黄色，伸出萼外，旗瓣圆形。荚果长圆柱形，果皮常呈黑色。种子肾形，成熟时朱红色。

物　　候： 花期4-10月；果期6-12月。

分　　布： 抚州市（南丰县）、赣州市（全南县）、九江市（永修县）、南昌市、上饶市（德兴市、余干县），常见于田园路边和荒地。

危　　害： 生存繁殖能力强，耐贫瘠，容易形成优势群落，影响本土植物生长，造成生物多样性丧失。

入侵等级： 三级。

南美山蚂蝗   扭英山绿豆、南美山蚂蟥
Desmodium tortuosum (Sw.) DC.

豆科
Fabaceae

山蚂蝗属
Desmodium

植物形态：多年生直立草本。茎自基部开始分枝，圆柱形，具条纹。羽状三出复叶，小叶3；托叶宿存，披针形。总状花序顶生或腋生；总花梗密被小钩状毛和腺毛；花萼5深裂，密被毛；花冠红色、白色或黄色；二体雄蕊；子房线形，被毛。果窄长圆形，念珠状。

物　　候：花期7-9月；果期7-9月。

分　　布：赣州市（寻乌县、会昌县），常见于荒地、路旁。

危　　害：易形成优势群落，造成本地生物多样性丧失。

入侵等级：三级。

023

野青树 假蓝靛
Indigofera suffruticosa Mill.

豆科 Fabaceae

木蓝属 Indigofera

植物形态：直立灌木或亚灌木。茎灰绿色，有棱。羽状复叶，小叶对生，长椭圆形或倒披针形。总状花序呈穗状；总花梗极短或缺；花萼钟状，萼齿宽短，约与萼筒等长；花冠红色，旗瓣倒阔卵形，翼瓣与龙骨瓣等长，龙骨瓣有距，被毛。荚果镰状弯曲，下垂，被毛。种子短圆柱状，两端截平。

物　候：花期3-5月；果期6-10月。

分　布：赣州市（会昌县、龙南市、寻乌县、章贡区）、景德镇市（浮梁县）、九江市（庐山市、永修县），偶见逸生。

危　害：可形成优势群落，造成生物多样性丧失。

入侵等级：五级。

南苜蓿 刺苜蓿、刺荚苜蓿、金花菜、黄花草子、黄花苜蓿
Medicago polymorpha L.

植物形态： 一年生或二年生草本。茎平卧、上升或直立，近四棱形，基部分枝。羽状三出复叶；托叶大，卵状长圆形；叶柄细柔；小叶倒卵形或三角状倒卵形。头状伞形花序腋生；花萼钟形，萼齿披针形，与萼筒近等长；花冠黄色，旗瓣倒卵形，翼瓣长圆形。荚果盘形，紧旋1.5-2.5圈，有辐射状脉纹，每圈外具棘刺或瘤突。种子长肾形。

物　　候： 花期3-5月；果期4-6月。

分　　布： 全省均有分布，草坪、荒地、路边等多种陆生生境常见。

危　　害： 虽可作为绿肥和饲料，但生长迅速，侵占本土植物生存空间，破坏生物多样性。

入侵等级： 四级。

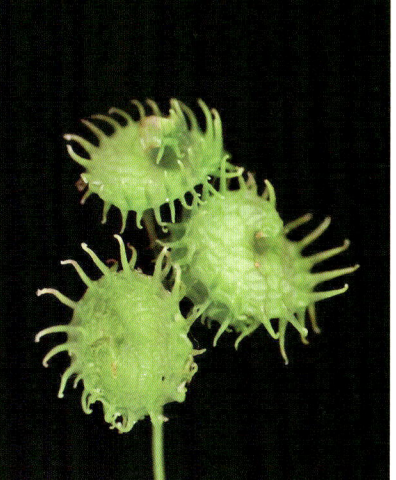

豆科
Fabaceae

苜蓿属
Medicago

025

苜蓿 扁豆子、花苜蓿、野苜蓿、牛角花、三叶草、紫苜蓿
Medicago sativa L.

豆科 Fabaceae

苜蓿属 *Medicago*

植物形态：多年生草本。茎直立、丛生以至平卧，四棱形。三出复叶；托叶大，卵状披针形；小叶长卵形，等大。总状或头状花序；花序梗比叶长；花萼钟形，萼齿比萼筒长；花冠淡黄、深蓝或暗紫色，花瓣均具长瓣柄，旗瓣长圆形。荚果螺旋状，紧旋2-6圈，中央无孔或近无孔。种子卵圆形，平滑。

物　　候：花期5-7月；果期6-8月。

分　　布：全省均有分布，草坪、荒地、路边等多种陆生生境常见。

危　　害：虽可作为绿肥和饲料，但生长迅速，侵占本土植物生存空间，破坏生物多样性。

入侵等级：四级。

白花草木樨 白木樨、白甜三叶草、蜜三叶草
Melilotus albus Medik.

豆科
Fabaceae

草木樨属
Melilotus

植物形态：一年生或二年生草本。茎直立，圆柱形，中空，多分枝。三出复叶；托叶尖刺状锥形，全缘，稀具1细齿；叶柄比小叶短；小叶长圆形，边缘具不明显的锯齿。总状花序腋生；花梗短；花萼钟形，萼齿三角状披针形，短于萼筒；花冠白色，旗瓣椭圆形。荚果椭圆形或长圆形，具尖喙。种子卵形，棕色，表面具细瘤点。

物　　候：花期5-7月；果期7-9月。

分　　布：赣州市、吉安市（吉州区）、井冈山市、南昌市（安义县）、宜春市（靖安县）、新余市（渝水区），散见于荒地、路边。

危　　害：易形成优势群落，影响本土植物生长，破坏生态环境。

入侵等级：四级。

027

豆科
Fabaceae

草木樨属
Melilotus

草木樨 黄花草、黄花草木樨、香马料木樨、野木樨
***Melilotus suaveolens* Ledeb.**

植物形态：二年生草本。茎直立，圆柱形。羽状三出复叶；托叶镰状线形；叶柄细，小叶倒卵形、阔卵形、倒披针形至线形。总状花序腋生或顶生，长而纤细；花梗短，萼钟状，萼齿三角状披针形；花冠黄色，旗瓣倒卵形，与翼瓣近等长，龙骨瓣稍短或三者均近等长。荚果卵形，棕黑色，具网纹，含1-2粒种子。种子卵形，黄褐色，平滑。

物　　候：花期5-9月；果期6-10月。

分　　布：全省均有分布，草坪、荒地、路边等多种陆生生境常见。

危　　害：生长迅速，易形成优势群落，侵占本土植物生存空间，破坏生物多样性。

入侵等级：五级。

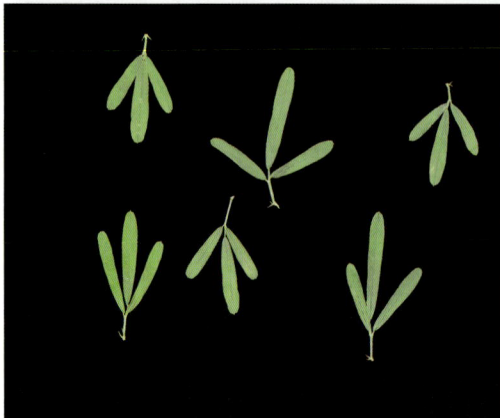

光荚含羞草 簕仔树
Mimosa bimucronata (DC.) Kuntze

植物形态： 落叶灌木。小枝无刺，密被黄色茸毛。二回羽状复叶，羽片6-7对，叶轴无刺，小叶线形，革质，先端具小尖头。头状花序球形；花白色；花萼杯状，极小；花瓣长圆形，仅基部连合。荚果带状，无刺毛，成熟时荚节脱落而残留荚缘。

物　　候： 花期3-9月；果期5-10月。

分　　布： 抚州市（东乡区、临川区、宜黄县）、赣州市，荒地、草坡常见。

入侵等级： 一级。

豆科
Fabaceae

含羞草属
Mimosa

含羞草 感应草、见笑草、呼喝草、怕丑草、知羞草
***Mimosa pudica* L.**

豆科
Fabaceae

含羞草属
Mimosa

植物形态：亚灌木状草本。茎圆柱状，具分枝，有散生、下垂的钩刺及倒生刺毛。羽状复叶；托叶披针形；羽片通常2对；羽片和小叶触之即闭合而下垂；小叶线状长圆形，先端急尖，边缘具刚毛。头状花序圆球形，具长花序梗，单生或2-3个生于叶腋；花小，淡红色。荚果长圆形，扁平，稍弯曲，边缘波状，被刺毛。种子卵圆形。

物　　候：花期3-10月；果期5-11月。
分　　布：全省均有分布，习见于路边、荒地、山坡多种生境。
危　　害：常见杂草，易形成优势群落，影响本土生物多样性。
入侵等级：二级。

030

望江南 狗屎豆、黎茶、羊角豆、野扁豆
Senna occidentalis (L.) Link

豆科 Fabaceae

决明属 Senna

植物形态： 亚灌木或灌木。株高达1.5米；枝有棱。羽状复叶叶柄上方基部有一大而带褐色、圆锥形的腺体；小叶4-5对，卵形或卵状披针形。花数朵组成伞房状总状花序，腋生和顶生；苞片线状披针形或长卵形，花瓣黄色，雄蕊7枚发育，3枚不育。荚果带状镰形，褐色，压扁。种子间有隔膜。

物　　候： 花期4-8月；果期6-10月。

分　　布： 全省均有分布，零星分布于路旁、荒地。

危　　害： 植物种子有毒，影响人畜健康，本省危害较小。

入侵等级： 五级。

031

豆科
Fabaceae

田菁属
Sesbania

田菁 向天蜈蚣
Sesbania cannabina (Retz.) Poir.

植物形态： 一年生亚灌木状草本。茎绿色，有时带褐红色。偶数羽状复叶，小叶线状长圆形，基部两侧不对称。总状花序具2-6朵花，疏松；花冠黄色，旗瓣椭圆形至近圆形，外面散生大小不等的紫黑点和线。荚果细长圆柱形，具喙。种子间具横隔。

物　　候： 花期7-10月；果期8-11月。

分　　布： 全省均有分布，荒地、路边常见。

危　　害： 常见杂草，易形成优势群落，影响本土生物多样性。

入侵等级： 二级。

红车轴草 红三叶
Trifolium pratense L.

植物形态：多年生草本。茎粗壮，具纵棱，直立或平卧上升。掌状三出复叶，基部抱茎；小叶卵状椭圆形至倒卵形，叶面上常有"V"形白斑。球状或卵状花序顶生；总花梗甚短或无，包于顶生叶的托叶内，托叶扩展成焰苞状；花冠紫红色至淡红色。荚果卵形，通常有1粒扁圆形种子。

物　候：花期5-8月；果期6-10月。

分　布：全省均有分布，公园常见栽培植物，偶见逸生。

危　害：侵占性较强，容易形成优势群落，影响本土生物多样性，本省危害较小。

入侵等级：五级。

豆科
Fabaceae

车轴草属
Trifolium

033

豆科
Fabaceae

车轴草属
Trifolium

白车轴草 白三叶、四叶草、幸运草
***Trifolium repens* L.**

植物形态：多年生草本。株高10-30厘米，全株无毛。茎匍匐蔓生，上部稍上升，节上生根。掌状三出复叶，小叶倒卵形或近圆形，叶面上常有"V"形白斑。花序球形，顶生；花冠白色、乳黄色或淡红色。荚果长圆形。种子卵圆形。

物　　候：花期3-6月；果期4-7月。

分　　布：全省均有分布，路旁、荒地、草坪等多种陆生生境常见。

危　　害：侵占性强，容易形成优势群落，影响本土生物多样性。

入侵等级：二级。

034

大麻 胡麻、火麻、野麻、线麻
Cannabis sativa L.

大麻科
Cannabaceae

大麻属
Cannabis

植物形态： 一年生草本。茎直立，枝具纵沟槽。叶掌状全裂，裂片披针形或线状披针形，托叶线形。雄花序黄绿色，花被5，膜质，外面被细伏贴毛，花丝极短，花药长圆形；雌花绿色，花被1，紧抱子房。瘦果包于宿存黄褐色苞片中，果皮坚脆，表面具细网纹。

物　　候： 花期5-6月；果期7月。

分　　布： 吉安市（安福县）、九江市（庐山市）、南昌市（湾里区、新建区）、宜春市（袁州区），少见。

危　　害： 成瘾性强，危害人畜健康，本省危害较小。

入侵等级： 四级。

荨麻科
Urticaceae

冷水花属
Pilea

小叶冷水花 透明草、小叶冷水麻
Pilea microphylla (L.) Liebm.

植物形态：一年生草本。茎肉质，多分枝。叶小，同对的不等大，倒卵形至匙形，全缘。雌雄同株，聚伞花序密集成头状；花被片3。瘦果卵形，成熟时变褐色，光滑。

物　　候：花期3-5月；果期9-11月。

分　　布：全省均有分布，在一些低海拔山地、沟谷归化，常生长于路边石缝和墙上阴湿处。

危　　害：排挤本土的石生和附生草本植物，影响当地的生物多样性。

入侵等级：四级。

四季秋海棠 四季海棠、玻璃翠
Begonia cucullata Willd.

秋海棠科 Begoniaceae

秋海棠属 *Begonia*

植物形态：多年生常绿草本。茎直立，稍肉质。单叶互生，有光泽，卵圆至广卵圆形，边缘有小齿和缘毛。聚伞花序腋生，具数花，花红色、淡红色或白色。蒴果具翅。

物　　候：花期3-12月；果期5-12月。

分　　布：全省均有分布，广泛栽培，常见逸生。

危　　害：易形成优势群落，影响本土生物多样性，本省危害较小。

入侵等级：五级。

037

关节酢浆草 紫心酢浆草
Oxalis articulata Savigny

酢浆草科
Oxalidaceae

酢浆草属
Oxalis

植物形态：多年生草本。具地下块茎。叶基生，掌状复叶，3小叶复生，叶柄较长，小叶心形，顶端凹，基部楔形，绿色，全缘，被短绒毛。伞形花序，花萼绿色，花瓣粉红色，下部有深粉色条纹，下部粉紫色。蒴果。

物　　候：花期4-7月；果期7-9月。

分　　布：全省均有分布，为常见的栽培植物，常见逸生。

危　　害：营养繁殖能力强，易形成优势群落，影响本土生物多样性。

入侵等级：四级。

红花酢浆草 多花酢浆草、紫花酢浆草、大酸味草
Oxalis debilis Kunth

植物形态：多年生直立草本。茎具球状鳞茎。叶基生，扁圆状倒心形，先端凹缺；托叶长圆形，与叶柄基部合生。花序被毛；萼片5，披针形，顶端具暗红色小腺体2枚；花瓣5，倒心形，淡紫色或紫红色；子房5室，花柱被锈色长柔毛。

物　　候：花期3-12月；果期4-12月。

分　　布：全省均有分布，为常见的栽培植物，常见逸生。

危　　害：营养繁殖能力强，易形成优势群落，影响本土生物多样性。

入侵等级：四级。

酢浆草科
Oxalidaceae

酢浆草属
Oxalis

三角紫叶酢浆草 紫叶酢浆草、紫蝴蝶
Oxalis triangularis A. St. -Hil.

酢浆草科
Oxalidaceae

酢浆草属
Oxalis

植物形态： 多年生直立草本。具球状鳞茎。叶基生，扁圆状倒心形，先端凹缺，两侧角圆，基部宽楔形，上面被毛或近无毛；下面疏被毛；托叶长圆形，与叶柄基部合生。伞形花序，花12-14朵，花冠5裂，淡紫色或白色，端部呈淡粉色。蒴果长圆柱形。

物　　候： 花期5-11月；果期4-11月。

分　　布： 全省均有分布，为常见的栽培植物，少见于野外。

危　　害： 营养繁殖能力强，易形成优势群落，影响本土生物多样性，本省危害较小。

入侵等级： 五级。

龙珠果 龙眼果、龙须果、龙珠草、假苦果、香花果、野仙桃
Passiflora foetida L.

西番莲科 Passifloraceae

西番莲属 *Passiflora*

植物形态：草质藤本。茎柔弱。叶膜质，宽卵形或长圆状卵形，3浅裂，有缘毛及少数腺毛。聚伞花序具1花；花白色或淡紫色；苞片羽状分裂，裂片顶端具腺毛；萼片长圆形。浆果卵球形或球形。

物　　候：花期7-8月；果期7-9月。

分　　布：赣州市（宁都县、寻乌县、定南县）、吉安市（遂川县）、景德镇市（珠山区），广泛分布于热带地区，江西少见，种子可能在花卉苗木运输时随土壤传播。

危　　害：易形成优势群落，影响本土生物多样性，本省危害较小。

入侵等级：三级。

041

白苞猩猩草 柳叶大戟、台湾大戟
Euphorbia heterophylla L.

大戟科
Euphorbiaceae

大戟属
Euphorbia

植物形态：多年生草本。茎直立。叶互生，卵形至披针形；苞叶与茎生叶同形，较小，绿色或基部白色。花序单生，基部具柄，无毛；总苞钟状，边缘裂片卵形至锯齿状，边缘具毛。蒴果卵球状。种子棱状卵形，被瘤状突起，灰色至褐色。

物　　候：花果期2-11月。

分　　布：抚州市（南丰县、黎川县）、赣州市、吉安市（永丰县）、九江市（修水县）、南昌市（青山湖区、红谷滩区）、上饶市（广信区、信州区），少见，可能在花木移栽时随土壤带入。

危　　害：全株有毒，危害人畜健康，本省分布少，危害较小。

入侵等级：四级。

飞扬草 大飞扬、飞相草、乳籽草
Euphorbia hirta L.

大戟科
Euphorbiaceae

大戟属
Euphorbia

植物形态：一年生草本。茎自中部向上分枝或不分枝，被褐色或黄褐色粗硬毛。叶对生，披针状长圆形、长椭圆状卵形或卵状披针形，中上部有细齿，下面有时具紫斑。花序多数，于叶腋处密集成头状；雄花数枚；雌花1。蒴果卵状三棱形，被贴伏的柔毛。种子卵状四棱形。

物　　候：花期6-12月；果期7-12月。

分　　布：全省均有分布，喜阳光，石缝、荒地、路边多种生境常见。

危　　害：形成优势群落，排挤本土植物，造成本土生物多样性丧失。

入侵等级：二级。

043

大戟科
Euphorbiaceae

大戟属
Euphorbia

通奶草 南亚大戟、小飞扬草
***Euphorbia hypericifolia* L.**

植物形态：一年生草本。茎直立，自基部分枝或不分枝。叶对生，狭长圆形或倒卵形，先端钝或圆，基部圆形，通常偏斜，不对称，边缘全缘或基部以上具细锯齿。花序数个簇生于叶腋或枝顶，苞叶2枚，与茎生叶同形；雄花数枚；雌花1枚；子房三棱状，无毛。蒴果三棱状，无毛，成熟时分裂为3个分果爿。种子卵棱状，每个棱面具数个皱纹，无种阜。

物　　候：花果期8-12月。

分　　布：全省均有分布，生于旷野荒地、路旁、灌丛及田间。

危　　害：形成优势群落，排挤本土植物，造成本土生物多样性丧失。

入侵等级：三级。

斑地锦

Euphorbia maculata L.

植物形态： 一年生草本。茎匍匐，被白色疏柔毛。叶对生，长椭圆形至肾状长圆形，中部以上常具疏锯齿；叶面中部常具有一个长圆形的紫色斑点，两面无毛。花序单生于叶腋，基部具短柄；总苞狭杯状，外部具白色疏柔毛；腺体黄绿色，椭圆形。蒴果三角状卵形。种子卵状四棱形。

物　　候： 花期4-9月；果期5-10月。

分　　布： 全省均有分布，石缝、荒地、路边多种生境常见。

危　　害： 形成优势群落，排挤本土植物，造成本土生物多样性丧失。

入侵等级： 三级。

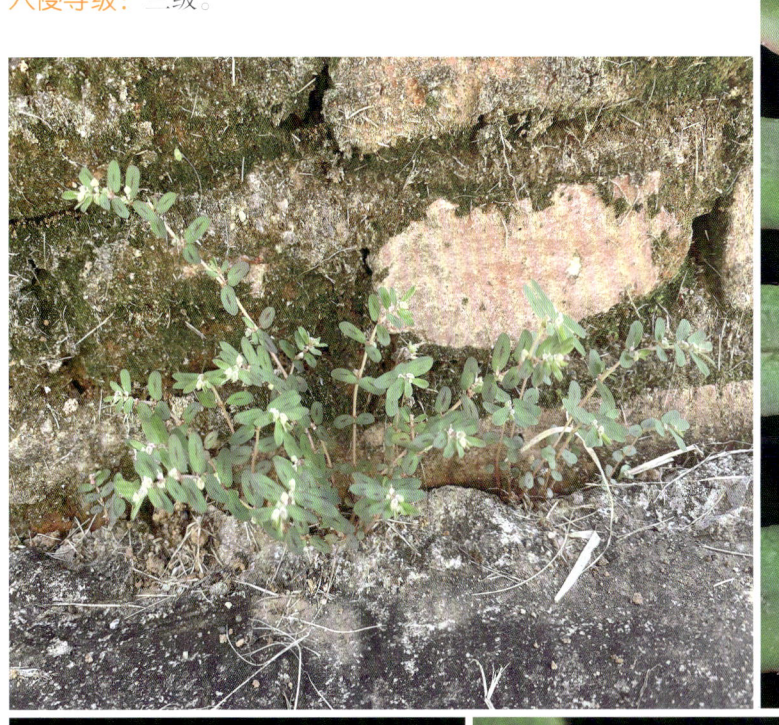

大戟科
Euphorbiaceae

大戟属
Euphorbia

045

匍匐大戟 铺地草
Euphorbia prostrata Aiton

大戟科
Euphorbiaceae

大戟属
Euphorbia

植物形态： 一年生草本。茎匍匐状，自基部多分枝，通常呈淡红色或红色，少绿色或淡黄绿色。叶对生，椭圆形至倒卵形，边缘全缘或具不规则的细锯齿。花序常单生于叶腋，少为数个簇生于小枝顶端；总苞陀螺状，常无毛，边缘5裂，裂片三角形或半圆形。蒴果三棱状，除果棱上被白色疏柔毛外，其他无毛。种子卵状四棱形，黄色。

物　　候： 花果期4-10月。

分　　布： 全省均有分布，石缝、荒地、路边多种生境常见。

危　　害： 形成优势群落，排挤本土植物，造成本土生物多样性丧失。

入侵等级： 四级。

苦味叶下珠 美洲珠子草
Phyllanthus amarus Schumach. & Thonn.

植物形态：直立灌木。茎类圆柱形，有分枝，灰绿色。叶互生，羽状复叶，小叶片长椭圆形，无叶柄，上表面绿色，下表面灰绿色。花小，腋生于叶下，5瓣，淡绿色，柱头周围有黄色花粉。蒴果无柄，扁球形。

物　　候：花果期6-8月。

分　　布：赣州市（章贡区），分布于热带、亚热带地区，野生于村寨边、旷地、田边、溪边草丛中，本省少见。

危　　害：形成优势群落，排挤本土植物，造成本土生物多样性丧失，本省危害较小。

入侵等级：三级。

叶下珠科
Phyllanthaceae

叶下珠属
Phyllanthus

野老鹳草 老鹳草
Geranium carolinianum L.

牻牛儿苗科
Geraniaceae

老鹳草属
Geranium

植物形态：一年生草本。茎直立或仰卧，单一或多数，密被倒向短柔毛。茎生叶互生或最上部对生；托叶披针形或三角状披针形；叶片圆肾形。花序腋生和顶生，伞形，长于叶，被倒生短毛和开展长腺毛，花序梗常数个簇生茎端；萼片长卵形或近椭圆形；花瓣淡紫红色，倒卵形。蒴果被糙毛。

物　　候：花期4-7月；果期5-9月。

分　　布：全省均有分布，路旁、荒地、草坪等多种陆生生境常见。

危　　害：形成优势群落，排挤本土植物，造成本土生物多样性丧失。

入侵等级：二级。

月见草 待宵草、山芝麻、夜来香
Oenothera biennis L.

柳叶菜科
Onagraceae

月见草属
Oenothera

植物形态： 二年生直立草本。茎高达2米，被曲柔毛与伸展长毛。基生叶倒披针形，边缘疏生不整齐的浅钝齿；茎生叶椭圆形至倒披针形。穗状花序，不分枝，或具次级侧生花序；苞片叶状，宿存；花瓣黄色，稀淡黄色。蒴果锥状圆柱形，直立，绿色。种子暗褐色，棱形。

物　　候： 花果期6-10月。

分　　布： 九江市（柴桑区、庐山市、武宁县）、南昌市（东湖区、进贤县）、萍乡市（上栗县）、上饶市、鹰潭市（余江区），常见栽培，偶见逸生。

危　　害： 侵占本土植物生存空间，影响生物多样性，本省危害较小。

入侵等级： 四级。

黄花月见草 红萼月见草、月见草
Oenothera glazioviana Mich.

柳叶菜科
Onagraceae

月见草属
Oenothera

植物形态： 二年生至多年生直立草本。茎高达1.5米，密被曲柔毛与疏生伸展长毛。基生叶倒披针形，基部渐窄并下延为翅，边缘有浅波状齿；茎生叶窄椭圆形或披针形。穗状花序生茎枝顶；花瓣黄色，宽倒卵形。蒴果锥状圆柱形，具纵棱与红色的槽。种子棱形，褐色。

物　　候： 花期5-10月；果期8-12月。

分　　布： 全省均有分布，常见栽培，常逸生于公路旁。

危　　害： 侵占本土植物生存空间，影响生物多样性，本省危害较小。

入侵等级： 四级。

裂叶月见草
Oenothera laciniata Hill

植物形态： 一年生或多年生草本。茎常分枝，被曲柔毛，有时混生长柔毛。基部叶线状倒披针形，边缘羽状浅或深裂。花黄色，萼片绿色或黄绿色，开放时反折。蒴果圆柱状。种子椭圆状至近球状，褐色。

物　　候： 花期4-9月；果期5-11月。

分　　布： 全省均有分布，常见栽培，野外常见逸生。

危　　害： 侵占本土植物生存空间，影响生物多样性，本省危害较小。

入侵等级： 四级。

柳叶菜科
Onagraceae

月见草属
Oenothera

柳叶菜科
Onagraceae

月见草属
Oenothera

山桃草 白蝶花、白桃花、紫叶千鸟花
Oenothera lindheimeri (Engelm. & A. Gray) W.L. Wagner & Hoch

植物形态：多年生粗壮草本，常丛生。茎直立，常多分枝，入秋变红色。叶无柄，椭圆状披针形或倒披针形，边缘具远离的齿突或波状齿。花序长穗状，生茎枝顶部，不分枝或有少数分枝，直立；花瓣白色，后变粉红，排向一侧，倒卵形或椭圆形。蒴果坚果状，狭纺锤形，熟时褐色，具明显的棱。种子卵状，淡褐色。

物　　候：花期5-8月；果期8-9月。

分　　布：全省均有分布，常见栽培，偶见逸生。

危　　害：侵占本土植物生存空间，影响生物多样性，本省危害较小。

入侵等级：五级。

粉花月见草
Oenothera rosea L'Hér. ex Ait.

柳叶菜科 Onagraceae

月见草属 Oenothera

植物形态：多年生草本。茎丛生，多分枝，下部常紫红色。基生叶紧贴地面，倒披针形，不规则羽状深裂下延至柄；叶柄淡紫红色；茎生叶灰绿色，披针形或长圆状卵形，基部细羽状裂。花单生于叶腋；萼片绿色，带红色，披针形；花瓣粉红至紫红色；子房狭椭圆状。蒴果棒状，顶端具短喙。种子每室多数，近横向簇生，长圆状倒卵形。

物　　候：花期4-11月；果期9-12月。

分　　布：全省均有分布，常见栽培，偶见逸生。

危　　害：侵占本土植物生存空间，影响生物多样性，本省危害较小。

入侵等级：五级。

053

柳叶菜科
Onagraceae

月见草属
Oenothera

美丽月见草 粉晚樱草、粉花月见草
Oenothera speciosa Nutt.

植物形态：多年生草本植物。株高40-50厘米。叶互生，披针形，先端尖，基部楔形，下部有波缘或疏齿，上部近全缘，绿色。花单生或2朵着生于茎上部叶腋；花瓣4，粉红色，具暗色脉缘；雄蕊黄色；雌蕊白色。蒴果。

物　　候：花期4-11月；果期6-12月。

分　　布：抚州市（临川区）、赣州市（赣县区、会昌县）、九江市（庐山市、修水县）、南昌市（高新区、西湖区），见于路旁。

危　　害：造成本土生物多样性丧失。

入侵等级：五级。

苘麻 白麻、车轮草、磨盘草、桐麻、青麻、孔麻、塘麻、椿麻
Abutilon theophrasti Medicus

锦葵科
Malvaceae

苘麻属
Abutilon

植物形态：一年生亚灌木状直立草本。茎枝被柔毛。叶互生，圆心形，两面密被星状柔毛。花单生叶腋；花梗被柔毛，近顶端具节；花冠黄色，花瓣5，倒卵形。分果半球形。种子肾形，黑褐色。

物　　候：花期7-8月；果期8-10月。

分　　布：全省均有分布，路旁、荒地等多种陆生生境常见。

危　　害：侵占本土植物生存空间，影响生物多样性，本省危害较小。

入侵等级：四级。

055

锦葵科
Malvaceae

木槿属
Hibiscus

野西瓜苗 灯笼花、黑芝麻、火炮草、香铃草、小秋葵
Hibiscus trionum L.

植物形态： 一年生直立或平卧草本。茎柔软，被白色星状毛。茎下部叶圆形，不裂或稍裂，上部叶掌状3-5深裂，中裂片较长，两侧裂片较短，裂片倒卵形或长圆形，常羽状全裂，上面近无毛或疏被粗硬毛，下面疏被星状粗刺毛。花单生叶腋；花梗被星状粗硬毛；花冠淡黄色，内面基部紫色；花瓣5，倒卵形。蒴果长圆状球形，被硬毛。种子肾形，黑色。

物　　候： 花期7-9月；果期7-10月。

分　　布： 九江市（庐山市），分布于路旁、田埂、荒坡等，本省少见。

危　　害： 可导致农作物减产和生物多样性降低，本省危害较小。

入侵等级： 四级。

赛葵 黄花草、黄花棉
Malvastrum coromandelianum (L.) Garcke

植物形态：亚灌木状草本。茎直立，被单毛和星状粗毛。叶卵形或卵状披针形，具粗齿；叶柄密被长毛，托叶披针形。花单生叶腋；花梗被长毛；小苞片线形；花萼浅杯状，裂片卵形，基部合生；花冠黄色，花瓣5，倒卵形。分果扁球形，背部被毛，具芒刺2条。种子肾形。

物　　候：花果期1-12月。

分　　布：全省均有分布，荒地、路旁常见。

危　　害：侵占本土植物生存空间，影响生物多样性。

入侵等级：二级。

锦葵科
Malvaceae

赛葵属
Malvastrum

057

臭荠 臭独行菜、臭芸芥、芸芥
***Lepidium didymum* L.**

十字花科
Brassicaceae

独行菜属
Lepidium

植物形态：一年生或二年生匍匐草本。主茎短且不显明，基部多分枝，无毛或有长单毛。叶一回或二回羽状全裂，裂片3-5对，线形或窄长圆形；顶端急尖，基部楔形，全缘，两面无毛。花极小，直径约1毫米，萼片具白色膜质边缘；花瓣白色，长圆形，比萼片稍长，或无花瓣。短角果肾形，表面有粗糙皱纹。种子肾形，红棕色。

物　　候：花期3月；果期4-5月。

分　　布：全省均有分布，多生长于阳光充足的路旁或荒地。

危　　害：可导致农作物减产和生物多样性降低。

入侵等级：四级。

北美独行菜 大叶香荠菜、芹叶独行菜
Lepidium virginicum L.

十字花科
Brassicaceae

独行菜属
Lepidium

植物形态：一年生或二年生草本。茎直立，上部分枝。基生叶倒披针形，羽状分裂或大头羽裂，裂片长圆形或卵形，有锯齿；茎生叶倒披针形或线形。总状花序顶生；萼片椭圆形；花瓣白色，倒卵形，和萼片等长或稍长。短角果近圆形，顶端微缺。种子卵圆形，红棕色，有窄翅。

物　　候：花期4-6月；果期5-9月。

分　　布：全省均有分布，通常生于路旁、荒地或农田中，为常见杂草。

危　　害：可导致农作物减产和生物多样性降低。

入侵等级：二级。

059

豆瓣菜 凉菜、耐生菜、水田芥、水芥、水蔊菜、西洋菜
***Nasturtium officinale* R. Br.**

十字花科 Brassicaceae

豆瓣菜属 *Nasturtium*

植物形态：多年生或湿生草本。茎匍匐或浮水生，多分枝，节上生不定根。奇数羽状复叶，小叶宽卵形，近全缘或微波状；叶柄基部耳状，稍抱茎；总状花序顶生，花多数；萼片长卵形，边缘膜质；花瓣白色，倒卵形或宽匙形，具脉纹，基部具细爪。长角果圆柱形而扁，果柄纤细，开展或微弯。种子每室2行，红褐色，卵圆形，具网纹。

物　　候：花期4-5月；果期6-7月。
分　　布：抚州市（乐安县）、上饶市（鄱阳县），喜生水中、水沟边、山涧河边、沼泽地或水田中。
危　　害：侵占本土植物生存空间，影响生物多样性。
入侵等级：四级。

麦仙翁　麦毒草
Agrostemma githago L.

石竹科 Caryophyllaceae

麦仙翁属 *Agrostemma*

植物形态： 一年生草本。茎单生，直立，不分枝或上部分枝。叶线形或线状披针形，中脉明显，基部稍抱茎。花单生；花梗长；萼筒椭圆状卵形，后期微膨大，萼裂片线形；花瓣紫红色，较花萼短，瓣片倒卵形，微凹。蒴果卵圆形，微长于宿萼，裂齿5，外卷。种子黑色，卵形或圆肾形，具棘凸。

物　候： 花期6-8月；果期7-9月。

分　布： 九江市（庐山市）、南昌市（高新区），生长于麦田中或路旁草地，为田间杂草。

危　害： 可导致农作物减产和生物多样性降低，本省危害较小。

入侵等级： 四级。

球序卷耳 婆婆指甲菜、圆序卷耳
Cerastium glomeratum Thuill.

石竹科
Caryophyllaceae

卷耳属
Cerastium

植物形态：一年生草本。茎密被长柔毛，上部兼有腺毛。茎下部叶叶片匙形；上部茎生叶叶片倒卵状椭圆形。聚伞花序簇生状或头状；花序轴密被腺柔毛；苞片草质，卵状椭圆形，密被柔毛；花梗密被柔毛；萼片5，披针形，外面密被长腺毛；花瓣5，白色，线状长圆形，顶端2浅裂。蒴果长圆柱形，顶端10齿裂。种子褐色，扁三角形，具疣状凸起。

物　　候：花期3-4月；果期5-6月。

分　　布：全省均有分布，生于路旁、草坪、山坡等多种陆生生境。

危　　害：侵占本土植物生存空间，影响生物多样性。

入侵等级：四级。

062

麦蓝菜　麦蓝子、王不留行
Gypsophila vaccaria (L.) Sm.

石竹科
Caryophyllaceae

石头花属
Gypsophila

植物形态：一年生或二年生草本。茎单生，直立，上部分枝。叶片卵状披针形或披针形，基部圆形或近心形，具三基出脉。伞房花序稀疏；苞片披针形；花萼卵状圆锥形，后期微膨大呈球形，萼齿小，三角形；雌雄蕊柄极短；花瓣淡红色，偶白色；爪狭楔形，淡绿色，瓣片狭倒卵形，微凹缺。蒴果宽卵形或近圆球形。种子近圆球形，红褐色至黑色。

物　　候：花期5-7月；果期6-8月。

分　　布：全省均有分布，生长于草坡、撂荒地或麦田中等多种生境。

危　　害：可导致农作物减产和生物多样性降低，本省危害较小。

入侵等级：四级。

063

无瓣繁缕 小繁缕
Stellaria pallida (Dumort.) Crép.

石竹科
Caryophyllaceae

繁缕属
Stellaria

植物形态： 一年生草本。茎通常铺散，有时上升，基部分枝有1列长柔毛，但绝不被腺柔毛。叶小，近卵形，两面无毛，下部叶具长柄，中上部叶无柄。二歧聚伞状花序；花梗细长；萼片披针形，稀卵圆状披针形而近钝；花瓣无或小，近于退化。种子小，淡红褐色，具不显著的小瘤凸。

物　　候： 花果期2-5月。

分　　布： 抚州市（乐安县）、吉安市、九江市、南昌市（上饶市），生于路旁、草坪、山坡等多种陆生生境。

危　　害： 侵占本土植物生存空间，影响生物多样性。

入侵等级： 四级。

喜旱莲子草 革命草、空心莲子草、空心苋、水花生、水蕹菜
Alternanthera philoxeroides (Mart.) Griseb.

苋科
Amaranthaceae

莲子草属
Alternanthera

植物形态：多年生草本。茎匍匐，上部上升，具分枝。叶长圆形、长圆状倒卵形或倒卵状披针形，全缘。头状花序具花序梗，单生叶腋，白色花被片长圆形。果实未见。

物　　候：花期5-6月；果期6-8月。

分　　布：全省均有分布，适应性强，水、陆生境均可生长，为常见杂草。

危　　害：与作物争土争肥，导致农作物减产；侵占本土植物生存空间，导致生物多样性降低。

入侵等级：一级。

065

凹头苋 野苋、野苋菜
Amaranthus blitum L.

苋科 Amaranthaceae

苋属 Amaranthus

植物形态： 一年生草本。茎无毛；茎伏卧而上升，从基部分枝，淡绿色或紫红色。叶卵形或菱状卵形，全缘或稍波状，先端凹缺，具芒尖。花簇腋生，生于茎端及枝端者成直立穗状或圆锥花序；苞片长圆形；花被片长圆形或披针形，淡绿色，背部具隆起中脉。胞果扁卵形，不裂，近平滑，露出宿存花被片。种子圆形，黑色或黑褐色，具环状边。

物　　候： 花期7-8月；果期8-9月。

分　　布： 全省均有分布，见于村庄、撂荒地、路旁等多种生境。

危　　害： 繁殖力强，侵占本土植物生存空间，影响生物多样性。

入侵等级： 二级。

老鸦谷 繁穗苋、天雪米、西天谷、鸦谷
Amaranthus cruentus L.

苋科
Amaranthaceae

苋属
Amaranthus

植物形态：一年生草本。茎直立或分枝，具钝棱，近无毛。叶卵状长圆形或卵状披针形，先端尖或圆钝，具芒尖。花单性或杂性，穗状圆锥花序直立，后下垂；苞片和小苞片钻形，绿色或紫色，背部中脉突出顶端成长芒；花被片膜质，绿色或紫色，顶端具短芒。胞果卵形，盖裂，和宿存花被等长。

物　　候：花期6-7月；果期9-10月。
分　　布：全省均有分布，见于村庄、撂荒地、路旁等多种生境。
危　　害：繁殖力强，侵占本土植物生存空间，影响生物多样性。
入侵等级：三级。

067

假刺苋

Amaranthus dubius Mart. ex Thell.

苋科 Amaranthaceae

苋属 Amaranthus

植物形态：一年生草本。茎直立，近无毛，绿色或绿色带紫红色。叶无毛或近无毛，卵状菱形，全缘。花簇生于叶腋，或顶生为穗状花序或圆锥花序；苞片三角状卵形；花被片5，长椭圆形先端急尖。胞果卵球形或近球形，光滑至稍不规则皱缩。种子近球形，红棕色至黑色，光滑，有光泽。

物　　候：花期8-11月；果期9-12月。

分　　布：赣州市（会昌县、龙南市、信丰县），少见。

危　　害：侵占本土植物生存空间，影响生物多样性，本省危害较小。

入侵等级：四级。

绿穗苋

Amaranthus hybridus L.

苋科 Amaranthaceae

苋属 Amaranthus

植物形态：一年生草本。茎直立，分枝，上部近弯曲，有开展柔毛。叶卵形或菱状卵形，叶缘波状或具不明显锯齿。穗状圆锥花序顶生，细长，有分枝，中间花穗最长；苞片钻状披针形，中脉绿色，伸出成尖芒；花被片长圆状披针形。胞果卵形，环状横裂，超出宿存花被片。种子近球形，黑色。

物　　候：花期7-8月；果期9-10月。

分　　布：全省均有分布，见于农田、村庄、路旁、荒地多种生境。

危　　害：可导致农作物减产和生物多样性降低。

入侵等级：二级。

刺苋 筋苋菜、勒苋菜
Amaranthus spinosus L.

苋科
Amaranthaceae

苋属
Amaranthus

植物形态： 一年生草本。茎直立，圆柱形或钝棱形，多分枝，有纵条纹。叶菱状卵形或卵状披针形，顶端圆钝，全缘；叶柄无毛，旁有2刺。圆锥花序腋生及顶生；苞片在腋生花簇及顶生花穗的基部者变成尖锐直刺；花被片绿色，顶端急尖，具凸尖，中脉绿色或带紫色。胞果矩圆形，在中部以下不规则横裂。种子近球形，黑色或带棕黑色。

物　　候： 花期7-11月；果期8-12月。

分　　布： 全省均有分布，见于村庄、路旁、荒地多种生境。

危　　害： 侵占本土植物生存空间，影响生物多样性。

入侵等级： 一级。

皱果苋 绿苋、野苋、细苋
Amaranthus viridis L.

植物形态： 一年生草本，全体无毛。茎直立，有不显明棱角，稍有分枝，绿色或紫色。叶卵形、卵状长圆形或卵状椭圆形，全缘或微波状，叶面常有一"V"形白斑。穗状圆锥花序顶生，圆柱形，顶生花穗较侧生者长；苞片披针形，具凸尖；花被片长圆形或宽倒披针形。胞果扁球形，不裂，皱缩，露出花被片。种子近球形，黑色或黑褐色。

物　　候： 花期6-8月；果期8-10月。

分　　布： 全省均有分布，见于农田、村庄、路旁、荒地多种生境。

危　　害： 可导致农作物减产和生物多样性降低。

入侵等级： 二级。

苋科
Amaranthaceae

苋属
Amaranthus

苋科
Amaranthaceae

腺毛藜属
Dysphania

土荆芥 臭草、鹅脚草、杀虫芥、香藜草
Dysphania ambrosioides (L.) Mosyakin & Clemants

植物形态：一年生或多年生草本。茎有强烈香味，多分枝。叶长圆状披针形或披针形，具整齐大锯齿，具短柄。花两性或雌性，通常3-5个成团集生于上部叶腋；花被常5裂，淡绿色，果时常闭合。胞果扁球形。种子横生或斜生，黑色或暗红色，平滑，有光泽，周边钝。

物　　候：花期8-9月；果期9-10月。

分　　布：全省均有分布，见于村庄、路旁、荒地多种生境。

危　　害：侵占本土植物生存空间，影响生物多样性。

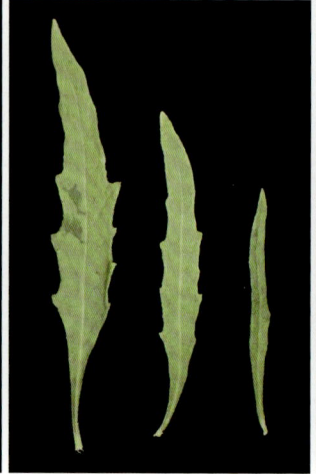

入侵等级：一级。

垂序商陆 美国商陆、美商陆、美洲商陆、红籽、见肿消、洋商陆
Phytolacca americana L.

植物形态：多年生草本。茎圆柱形，有时带紫红色。叶椭圆状卵形或卵状披针形。总状花序顶生或与叶对生，纤细，花稀少；花白色，微带红晕；花被片5；雄蕊、心皮及花柱均为10，心皮连合。果序下垂，浆果扁球形，紫黑色。

物　　候：花期6-8月；果期7-9月。

分　　布：全省均有分布。

危　　害：有毒，危害人畜健康；侵占本土植物生存空间，影响生物多样性。

入侵等级：一级。

商陆科
Phytolaccaceae

商陆属
Phytolacca

073

叶子花 宝巾、九重葛、毛宝巾、三角花、三角梅
Bougainvillea spectabilis Willd.

紫茉莉科
Nyctaginaceae

叶子花属
Bougainvillea

植物形态： 藤本或灌木。茎密生柔毛；刺腋生、下弯。叶椭圆形或卵形，基部圆形。花腋生或顶生；苞片椭圆状卵形，基部圆形至心形，暗红色或淡紫红色；花被管狭筒形，绿色，密被柔毛，顶端5-6裂，裂片开展，黄色。果实密生毛。

物　　候： 花期11月至次年6月。

分　　布： 全省均有分布，常见栽培，偶见逸生。

危　　害： 侵占本土植物生存空间，影响生物多样性，本省危害较小。

入侵等级： 五级。

紫茉莉 地雷花、苦丁香、晚晚花、胭脂花、夜娇花、状元花
Mirabilis jalapa L.

紫茉莉科
Nyctaginaceae

紫茉莉属
Mirabilis

植物形态： 一年生草本。茎直立，圆柱形，多分枝，无毛或疏生细柔毛，节稍膨大。叶卵形或卵状三角形，全缘。花常数朵簇生枝顶，总苞钟形，5裂；花被紫红色、黄色或杂色，花被筒高脚碟状，檐部5浅裂；午后开放，有香气，次日午前凋萎。瘦果球形，直径5-8毫米，革质，黑色，表面具皱纹。

物　　候： 花期6-10月；果期8-11月。

分　　布： 全省均有分布，常见栽培，偶见逸生。

危　　害： 侵占本土植物生存空间，影响生物多样性，本省危害较小。

入侵等级： 五级。

075

落葵薯 川七、藤七、藤三七、藤子三七、田三七、洋落葵
Anredera cordifolia (Ten.) Steenis

落葵科 Basellaceae

落葵薯属 Anredera

植物形态： 缠绕草质藤本。根状茎粗壮。叶具短柄，叶片卵形至近圆形，稍肉质，腋生小块茎（珠芽）。总状花序具多花，花序轴纤细；苞片狭，宿存；花托顶端杯状，花常由此脱落；花小；花被片白色，渐变黑，卵形、长圆形至椭圆形。

物　　候： 花期6-10月；果期7-10月。

分　　布： 全省均有分布，散见于村庄、路旁、撂荒地、山坡。

危　　害： 藤蔓可密集覆盖小乔木、灌木和草本植物，威胁其他植物的生长和当地生物多样性。

入侵等级： 一级。

土人参　红参、假人参、力参、栌兰、参草、土高丽参
Talinum paniculatum **(Jacq.) Gaertn.**

植物形态： 一年生或多年生草本。茎直立，全株无毛，肉质，基部近木质，多少分枝，圆柱形，有时具槽。叶互生或近对生，倒卵形或倒卵状长椭圆形，全缘，稍肉质。圆锥花序顶生或腋生，常二叉状分枝，萼片卵形，紫红色，早落；花瓣粉红色或淡紫红色，倒卵形或椭圆形。蒴果近球形，3瓣裂。种子多数，扁球形，黑褐色或黑色，有光泽。

物　　候： 花期6-8月；果期9-11月。

分　　布： 全省均有分布，常见栽培，少数逸生。

危　　害： 侵占本土植物生存空间，影响生物多样性，本省危害较小。

入侵等级： 四级。

土人参科
Talinaceae

土人参属
Talinum

077

大花马齿苋 半支莲、死不了、太阳花、午时花、洋马齿苋
Portulaca grandiflora Hook.

马齿苋科 Portulacaceae

马齿苋属 Portulaca

植物形态： 一年生草本。茎平卧或斜升，紫红色，节有簇生毛。叶密集枝顶，不规则互生，叶细圆柱形，无毛；叶柄极短或近无柄。花单生或数朵簇生枝顶，日开夜闭；叶状总苞8-9片；萼片2，淡黄绿色，卵状三角形，无毛；花瓣5或重瓣，倒卵形，先端微凹，红色、紫色、黄色或白色。蒴果近椭圆形，盖裂。种子细小，多数，圆肾形。

物　　候： 花期6-9月；果期8-11月。

分　　布： 全省均匀分布，常见栽培，偶见逸生。

危　　害： 侵占本土植物生存空间，影响生物多样性，本省危害较小。

入侵等级： 五级。

仙人掌　火掌、牛舌头、神仙掌、仙巴掌、玉芙蓉
Opuntia dillenii (Ker Gawl.) Haw.

仙人掌科 Cactaceae

仙人掌属 Opuntia

植物形态： 丛生肉质灌木。茎上部分枝宽倒卵形、倒卵状椭圆形或近圆形，先端圆，边缘常不规则波状，基部楔形或渐窄，无毛；小窠疏生，具刺，密生短绵毛和倒刺刚毛，刺黄色。花辐射状；花被片倒卵形或匙状倒卵形，黄色。浆果倒卵球形，基部稍窄缩成柄状，紫红色。种子多数，扁圆形。

物　　候： 花期6-12月；果期7-12月。

分　　布： 全省均有分布，常见栽培，偶见逸生于荒地、路旁。

危　　害： 侵占本土植物生存空间，影响生物多样性，本省危害较小。

入侵等级： 五级。

凤仙花科
Balsaminaceae

凤仙花属
Impatiens

凤仙花 灯盏花、急性子、小桃红、指甲花
Impatiens balsamina L.

植物形态：一年生草本。茎直立，粗壮，肉质。叶互生，最下部叶有时对生；叶片披针形、狭椭圆形或倒披针形，边缘有锐锯齿。花单生或2-3朵簇生于叶腋，无总花梗，白色、粉红色或紫色；侧生萼片2；唇瓣深舟状；旗瓣圆形，兜状，先端微凹，背面中肋具狭龙骨状突起；翼瓣具短柄，上部裂片近圆形，先端2浅裂，外缘近基部具小耳。蒴果宽纺锤形，两端尖，密被柔毛。种子多数，圆球形，黑褐色。

物　　候：花果期7-10月。

分　　布：全省均有分布，常见栽培，逸生于村落、路旁。

危　　害：侵占本土植物生存空间，影响生物多样性，本省危害较小。

入侵等级：五级。

080

阔叶丰花草 四方骨草
Spermacoce alata Aublet

茜草科
Rubiaceae

丰花草属
Spermacoce

植物形态： 一年生或多年生草本。茎和枝均为明显的四棱柱形，棱上具狭翅。叶椭圆形或卵状长圆形，边缘波浪形；侧脉每边5-6条；托叶膜质，被粗毛。花数朵丛生于托叶鞘内，无梗；花冠漏斗形，浅紫色，罕有白色。蒴果椭圆形，被毛，成熟时从顶部纵裂至基部。种子近椭圆形，干后浅褐色或黑褐色。

物　　候： 花期5-7月；果期6-9月。

分　　布： 全省均有分布，见于路旁、荒地、草坡多种生境。

危　　害： 侵占本土植物生存空间，影响生物多样性。

入侵等级： 一级。

081

马利筋 莲生桂子、水羊角、唐棉
Asclepias curassavica L.

夹竹桃科
Apocynaceae

马利筋属
Asclepias

植物形态： 多年生草本。茎淡灰色。叶对生，膜质，披针形或长圆状披针形，侧脉8-10对。花梗被柔毛；花萼裂片披针形；花冠紫色或红色，裂片长圆形；副花冠裂片黄色或橙色，匙形；花粉块长圆形，下垂，着粉腺紫红色。蓇葖果纺锤形。种子卵圆形，顶端具白色绢质种毛。

物　　候： 花期几乎全年；果期8-12月。

分　　布： 全省均有分布，常见栽培，偶见逸生。

危　　害： 有剧毒，危害人畜健康，本省分布少，危害较小。

入侵等级： 五级。

长春花 日日草、日日春、日日新、三万花、时钟花、四时春、雁来红

Catharanthus roseus (L.) G. Don

夹竹桃科
Apocynaceae

长春花属
Catharanthus

植物形态：半灌木。茎略有分枝，近方形，有条纹。叶膜质，倒卵状长圆形。聚伞花序腋生或顶生，有花2-3朵；花萼5深裂，萼片披针形或钻状渐尖；花冠红色，高脚碟状，花冠筒圆筒状，内面具疏柔毛，喉部紧缩，具刚毛；花冠裂片宽倒卵形。蓇葖果双生，直立，平行或略叉开。种子黑色，长圆状圆筒形，两端截形，具有颗粒状小瘤。

物　　候：花果期1-12月。
分　　布：全省均有分布，常见栽培，偶见逸生。
危　　害：有毒，危害人畜健康。
入侵等级：五级。

083

五爪金龙 假土瓜藤、牵牛藤、五爪龙、掌叶牵牛
Ipomoea cairica (L.) Sweet

旋花科
Convolvulaceae

番薯属
Ipomoea

植物形态：多年生缠绕草本，无毛，老时根上具块根。茎有细棱。叶掌状5深裂或全裂，裂片卵状披针形、卵形或椭圆形；具小的掌状5裂的假托叶。聚伞花序腋生；萼片卵形；花冠紫红色、紫色或淡红色，偶有白色，漏斗状；雄蕊不等长，花丝基部下延，贴生于花冠管，被毛；子房无毛，长于雄蕊。蒴果近球形，4瓣裂。种子黑色，边缘被褐色柔毛。

物　　候：花期4-12月；果期5-12月。

分　　布：抚州市（临川区）、赣州市（寻乌县）、吉安市（青原区）、九江市（庐山市）、新余市（分宜县），生于路旁，边坡。

危　　害：藤蔓可密集覆盖其他植物，威胁其他植物的生长。

入侵等级：一级。

瘤梗番薯 瘤梗甘薯
Ipomoea lacunosa L.

旋花科 Convolvulaceae

番薯属 *Ipomoea*

植物形态： 一年生草本。茎缠绕，多分枝。叶互生，卵形至宽卵形，全缘，基部心形，先端具尾状尖，上面粗糙，下面光滑。花序腋生，花序梗无毛但具明显棱，具瘤状突起；花冠漏斗状，无毛，白色、淡红色或淡紫红色。蒴果近球形，中部以上被毛，4瓣裂。种子无毛。

物　　候： 花期5-10月；果期6-10月。

分　　布： 抚州市（崇仁县）、南昌市、上饶市（鄱阳县），路旁、荒地常见。

危　　害： 侵占本土植物生存空间，影响生物多样性。

入侵等级： 四级。

牵牛 朝颜、筋角拉子、喇叭花、勤娘子、牵牛花
Ipomoea nil (L.) Roth

旋花科
Convolvulaceae

番薯属
Ipomoea

植物形态： 一年生缠绕草本。茎缠绕，被倒向的短柔毛及杂有倒向或开展的长硬毛。叶宽卵形或近圆形，先端渐尖，基部心形。花序腋生，具1至少花；花冠蓝紫色或紫红色，筒部色淡，无毛。蒴果近球形。种子卵状三棱形，黑褐色或米黄色。

物　　候： 花期6-9月；果期7-10月。

分　　布： 全省均有分布，路旁、荒地多种生境常见。

危　　害： 藤蔓可密集覆盖其他植物，威胁其他植物的生长，造成本土生物多样性丧失。

入侵等级： 二级。

圆叶牵牛 重瓣圆叶牵牛、连簪簪、牵牛花、心叶牵牛、紫花牵牛
Ipomoea purpurea (L.) Roth

旋花科
Convolvulaceae

番薯属
Ipomoea

植物形态：一年生缠绕草本。茎被倒向的短柔毛杂有倒向或开展的长硬毛。叶圆心形或宽卵状心形，通常全缘，偶有3裂，两面疏或密被刚伏毛。花腋生，单一或2-5朵着生于花序梗顶端成伞形聚伞花序；花冠漏斗状，紫红色、红色或白色，花冠管通常白色，瓣中带于内面色深，外面色淡。蒴果近球形，3瓣裂。种子卵状三棱形，黑褐色或米黄色。

物　　候：花期5-10月；果期8-11月。

分　　布：全省均有分布，常见栽培，偶见逸生于村落、路旁。

危　　害：威胁其他植物的生长，造成本土生物多样性丧失。

入侵等级：一级。

087

旋花科
Convolvulaceae

番薯属
Ipomoea

茑萝 金丝线、锦屏封、娘花、茑萝松、五角星花、羽叶茑萝
Ipomoea quamoclit L.

植物形态：一年生柔弱缠绕草本。全株无毛。叶卵形或长圆形，羽状深裂至中脉，具10-18对线形至丝状的平展的细裂片，裂片先端锐尖；叶基部常具假托叶。花序腋生，由少数花组成聚伞花序；花冠高脚碟状，深红色，无毛，管柔弱，上部稍膨大，冠檐开展，5浅裂。蒴果卵形，4室，4瓣裂，隔膜宿存，透明。种子4，卵状长圆形，黑褐色。

物　　候：花期7-10月；果期8-11月。

分　　布：全省均有分布，常见栽培，偶见逸生。

危　　害：侵占本土植物生存空间，造成本土生物多样性丧失。

入侵等级：三级。

三裂叶薯 红花野牵牛、小花假番薯
Ipomoea triloba L.

植物形态：一年生草本。茎缠绕或平卧。叶宽卵形或卵圆形，基部心形，全缘，具粗齿或3裂。伞形聚伞花序，具1至数花，无毛；花梗无毛，被小瘤；花冠淡红色或淡紫色，漏斗状，无毛。蒴果近球形，4瓣裂。种子4，无毛。

物　　候：花期5-9月；果期8-10月。

分　　布：全省均有分布，路旁、荒地、草坪等多种陆生生境常见。

危　　害：藤蔓可密集覆盖其他植物，威胁其他植物的生长，造成本土生物多样性丧失。

入侵等级：一级。

旋花科
Convolvulaceae

番薯属
Ipomoea

毛曼陀罗 北洋金花、毛花曼陀罗、软刺曼陀罗
Datura innoxia Mill.

茄科
Solanaceae

曼陀罗属
Datura

植物形态： 一年生草本或亚灌木状。茎密被细腺毛和短柔毛，粗壮。叶宽卵形，先端渐尖，基部近圆，不对称，全缘微波状或疏生不规则缺齿。花单生于枝丫间或叶腋，直立或斜升；花梗初直立，后下弯；萼筒无棱；花冠长漏斗状，下部淡绿色，上部白色。蒴果俯垂，近球形或卵球形，密被细刺及白色柔毛，不规则4瓣裂。种子扁肾形，褐色。

物　　候： 花果期6-9月。

分　　布： 赣州市、景德镇市（珠山区），少见逸生。

危　　害： 有毒，危害人畜健康。

入侵等级： 四级。

洋金花 白花曼陀罗、白曼陀罗、颠茄、大颠茄、枫茄花、风茄花、风茄儿、枫茄子、闹羊花、山茄子

Datura metel L.

茄科 Solanaceae

曼陀罗属 *Datura*

植物形态： 一年生草本。茎直立，全株近于无毛，基部木质化。叶互生，上部的叶近于对生；叶片卵形、长卵形或心形，全缘或具三角状短齿，两面无毛。花单生于叶腋或上部分枝间；花萼筒状，淡黄绿色；花冠管漏斗状。蒴果近球状或扁球状，疏生粗短刺，不规则4瓣裂。种子淡褐色。

物　　候： 花果期3-12月。

分　　布： 赣州市（崇义县）、九江市（柴桑区、庐山市、彭泽县、永修县）、吉安市（永丰县），偶见逸生。

危　　害： 有毒，危害人畜健康。

入侵等级： 四级。

茄科
Solanaceae

曼陀罗属
Datura

曼陀罗 枫茄花、狗核桃、闹羊花、万桃花、野麻子、醉心花
***Datura stramonium* L.**

植物形态： 草本或亚灌木状。株高达1.5米，植株无毛或幼嫩部分被短柔毛。叶宽卵形，淡绿色，边缘具不规则波状浅裂；侧脉3-5对，具叶柄。花直立；花后自近基部断裂，宿存部分增大并反折；花冠漏斗状；雄蕊内藏，子房密被柔针毛。蒴果直立，卵圆形，被坚硬针刺或无刺，淡黄色，规则4瓣裂。种子卵圆形，稍扁，黑色。

物　　候： 花期6-10月；果期7-11月。
分　　布： 全省均有分布，常逸生，少见。
危　　害： 有毒，危害人畜健康。
入侵等级： 二级。

假酸浆 鞭打绣球、冰粉、大千生
Nicandra physalodes (L.) Gaertn.

植物形态：一年生草本。茎高150厘米，无毛。叶互生，卵形或椭圆形具粗齿或浅裂。花单生叶腋，俯垂；花萼钟状，花冠钟状，淡蓝色；子房3-5，胚珠多数。浆果球形黄色或褐色，为宿萼包被。种子肾状盘形。

物　　候：花期7-9月；果期7-10月。

分　　布：全省均有分布，路旁，撂荒地偶见。

危　　害：侵占本土植物生存空间，影响生物多样性。

入侵等级：三级。

茄科
Solanaceae

假酸浆属
Nicandra

093

苦蘵 打额泡、灯笼草、黄姑娘、朴朴草、天泡子、天泡草、小酸浆
Physalis angulata L.

茄科
Solanaceae

洋酸浆属
Physalis

植物形态： 一年生草本。茎多分枝，具棱角，分枝纤细。叶卵形至卵状椭圆形，基部稍偏斜，全缘或有不规则的粗齿。花单生，花梗纤细；花冠淡黄色，阔钟状，边缘具睫毛。果萼卵球状或近球状，有明显网脉和10条纵肋，薄纸质，淡黄色；浆果球状，直径约1厘米。种子扁平，圆盘形。

物　　候： 花期5-7月；果期7-12月。

分　　布： 全省均有分布，路旁、荒地、草坪等多种陆生生境常见。

危　　害： 侵占本土植物生存空间，影响生物多样性。

入侵等级： 四级。

牛茄子　刺茄、刺茄子、大颠茄、癫茄、颠茄子、番鬼茄、油辣果
Solanum capsicoides Allioni

茄科
Solanaceae

茄属
Solanum

植物形态：草本或亚灌木。除茎、枝外各部均被长纤毛，茎及枝被刺。叶宽卵形，5-7浅裂或半裂，裂片三角形或卵形，边缘浅波状，侧脉被细刺。花序总状腋外生，花少；花梗被细刺及纤毛，花萼杯状，裂片卵形；花冠白色。浆果扁球状，橘红色，果柄被细刺。种子边缘翅状。

物　　候：花期5-9月；果期8-11月。

分　　布：全省均有分布，多种旱地陆生生境常见。

危　　害：侵占本土植物生存空间，影响生物多样性。

入侵等级：三级。

茄科
Solanaceae

茄属
Solanum

珊瑚樱 刺石榴、冬珊瑚、吉庆果、假樱桃、珊瑚豆、珊瑚子、洋海椒、玉珊瑚

Solanum pseudocapsicum L.

植物形态：灌木。植株无毛。叶窄长圆形或披针形，全缘或波状。花单生，稀双生或成短总状花序，与叶对生或腋外生，花序梗无或极短；花白色，花萼绿色；冠檐裂片卵形。浆果橙红色。种子盘状。

物　　候：花期5-7月；果期8-10月。

分　　布：全省均有分布，见于公园、路旁、荒地多种陆生生境。

危　　害：侵占本土植物生存空间，影响生物多样性。

入侵等级：五级。

水茄 刺番茄、刺茄、金衫扣、青茄、山颠茄、天茄子、乌凉、野茄子
Solanum torvum Swartz

茄科
Solanaceae

茄属
Solanum

植物形态：灌木。小枝疏具基部扁的皮刺，尖端稍弯。叶单生或双生，卵形或椭圆形，基部心形或楔形，两侧不等，半裂或波状；裂片常5-7，下面中脉少刺或无刺，侧脉有刺或无刺。小枝、叶、叶柄、花序梗、花梗、花萼、花冠裂片均被星状毛，或兼有腺毛。浆果球形，黄色，无毛。种子盘状。

物　　候：花果期全年。

分　　布：赣州市（章贡区）、吉安市（遂川县、新干县）、南昌市（经开区），见于路旁、荒地多种生境。

危　　害：侵占本土植物生存空间，影响生物多样性。

入侵等级：二级。

097

茄科
Solanaceae

茄属
Solanum

毛果茄
Solanum viarum Dunal

植物形态： 当年生草本或亚灌木状。茎具后弯的刺。枝、叶、花柄及花萼被多细胞腺毛。叶宽卵形，边缘具不规则齿裂及浅裂，叶脉疏被直刺。总状花序腋生，花单生或2-4；花萼钟状，裂片长披针形；花冠筒淡黄色，裂片披针形，反曲。浆果球状，淡黄色，宿萼被毛及细刺，后渐脱落。种子淡黄色，近倒卵形，扁平。

物　　候： 花期3-8月；果期11-12月。

分　　布： 全省均有分布，多种旱地陆生生境常见。

危　　害： 有毒，危害人畜健康；侵占本土植物生存空间，影响生物多样性。

入侵等级： 二级。

北美车前 北美毛车前、北美车前草、毛车前草、美洲车前、美洲车前草

Plantago virginica L.

车前科
Plantaginaceae

车前属
Plantago

植物形态： 一年生或二年生草本。基生叶莲座状，倒披针形或倒卵状披针形，边缘波状，两面及叶柄散生白色柔毛，脉3-5条。穗状花序，下部常间断，密被开展的白色柔毛；花冠淡黄色，无毛；花两型；能育花花药淡黄色，干后黄色；风媒花通常不育，开展并于花后反折。蒴果卵球形。种子2，卵圆形或长卵圆形，腹面凹陷呈船形。

物　候： 花期4-5月；果期5-6月。

分　布： 全省均有分布，路旁、荒地、草坪等陆生生境均有分布。

危　害： 侵占本土植物生存空间，影响生物多样性。

入侵等级： 三级。

099

车前科
Plantaginaceae

野甘草属
Scoparia

野甘草 冰糖草、假甘草、假枸杞、土甘草、香仪、珠子草
Scoparia dulcis L.

植物形态：直立草本或半灌木状。茎多分枝，枝有棱角及窄翅，无毛。叶菱状卵形或菱状披针形，枝上部叶较小而多，前半部有齿，有时近全缘，两面无毛。花单朵或更多成对生于叶腋；花梗无毛；无小苞片；花萼分生，萼齿4，卵状长圆形，具睫毛；花冠小，白色，有极短的管，喉部有密毛，花瓣4，上方1枚稍较大。蒴果卵圆形或球形。

物　　候：花期5-7月；果期7-10月。

分　　布：赣州市、南昌市，见于荒地、路旁等多种生境。

危　　害：侵占本土植物生存空间，影响生物多样性。

入侵等级：四级。

直立婆婆纳　假蓝靛
Veronica arvensis L.

植物形态：一年生小草本。茎直立或上升，有两列白色长柔毛。叶卵形或卵圆形，下部的有短柄，中上部的无柄，具圆或钝齿。总状花序长而多花；下部的苞片长卵形而疏具圆齿，上部的长椭圆形而全缘；花冠蓝紫色或蓝色，裂片圆形或窄长圆形。蒴果倒心形，明显侧扁，凹口约为果长1/2。

物　　候：花期4-5月；果期6-8月。

分　　布：全省均有分布，草坪、路旁等多种陆生生境几乎均有分布。

危　　害：侵占本土植物生存空间，影响生物多样性。

入侵等级：四级。

车前科
Plantaginaceae

婆婆纳属
Veronica

101

阿拉伯婆婆纳　波斯婆婆纳、肾子草
Veronica persica Poir.

车前科 Plantaginaceae

婆婆纳属 Veronica

植物形态： 一年生草本。茎铺散多分枝，密生两列柔毛。叶卵形或圆形，边缘具钝齿，两面疏生柔毛。总状花序很长，苞片互生，与叶同形近等大；花萼果期增大，裂片卵状披针形；花冠蓝色、紫色或蓝紫色，裂片卵形或圆形。蒴果肾形，宿存花柱超出凹口。种子背面具深横纹。

物　　候： 花期3-5月；果期4-6月。

分　　布： 全省均有分布，草坪、路旁等多种陆生生境几乎均有分布。

危　　害： 侵占本土植物生存空间，影响生物多样性。

入侵等级： 二级。

猫爪藤 猫瓜藤、猫儿爪
Macfadyena unguis-cati (L.) A.H. Gentry

植物形态：攀缘藤本，常绿。茎纤细、平滑；卷须与叶对生，顶端分裂成3枚钩状卷须。叶对生，小叶2枚，稀1枚，长圆形。花单生或组成圆锥花序，花序轴长约6.5厘米，有花2-5朵；花萼钟状，近于平截，薄膜质。蒴果长线形，扁平，长约28厘米，宽8-10毫米；隔膜薄，海绵质。

物　候：花期4月；果期6月。

分　布：赣州市，常见栽培，偶见逸生。

危　害：藤蔓可密集覆盖其他植物，威胁其他植物的生长，造成本土生物多样性丧失，本省分布少，危害较小。

入侵等级：四级。

紫葳科
Bignoniaceae

猫爪藤属
Macfadyena

马缨丹 臭草、七变花、如意草、五彩花、五色梅
Lantana camara L.

马鞭草科 Verbenacea

马缨丹属 Lantana

植物形态：灌木或蔓性灌木。茎枝均呈四方形，常被倒钩状皮刺。叶卵形或卵状长圆形，具钝齿。花序径1.5-2.5厘米，花序梗粗，长于叶柄；花冠黄色或橙黄色，花后深红色。果球形，紫黑色。

物　　候：花期1-12月。

分　　布：全省均有分布，多栽培，赣南常见逸生。

危　　害：侵占本土植物生存空间，影响生物多样性。

入侵等级：二级。

104

蔓马缨丹 紫花马樱丹、紫花马缨丹
Lantana montevidensis Briq.

马鞭草科
Verbenaceae

马缨丹属
Lantana

植物形态：灌木。茎匍匐或下垂，被柔毛。叶卵形，边缘有粗锯齿。头状花序直径约2.5厘米，具长总花梗；花淡紫红色；苞片阔卵形，长不超过花冠管的中部。果圆球形，成熟时黑色。

物　　候：花期1-12月。

分　　布：赣州市（南康区、于都县），偶见逸生。

危　　害：侵占本土植物生存空间，影响生物多样性。

入侵等级：五级。

狭叶马鞭草
Verbena brasiliensis Vell.

马鞭草科
Verbenaceae

马鞭草属
Verbena

植物形态： 多年生草本。茎直立，有粗毛，四角形，上半部的分枝对生向上。叶单叶对生，椭圆形；叶片一般有粗毛，两面都有大的刺毛。花生于末端，三个一组；矛尖形苞片包住5裂的花；蓝紫色的花冠两侧对称，从花萼略微突出；苞片、花萼和花冠管都有软毛。分果，通常产生2个褐色小坚果。

物　　候： 花期7-9月；果期8-10月。

分　　布： 全省均有分布，路旁、荒地、草坡常见。

危　　害： 侵占本土植物生存空间，影响生物多样性。

入侵等级： 五级。

细长马鞭草
Verbena rigida Spreng.

植物形态：多年生草本植物。茎直立暗绿色，呈四棱形，有稀疏粗毛。绿色叶片呈长卵形，基部为楔形，边缘有粗锯齿。花序生枝顶或腋生，花小而稀疏。果呈长圆形，果皮薄，成熟时会裂开。

物　　候：花期7月；果期9月。

分　　布：全省均有分布，常见栽培，野外少见。

危　　害：侵占本土植物生存空间，影响生物多样性，本省危害较小。

入侵等级：五级。

马鞭草科
Verbenaceae

马鞭草属
Verbena

唇形科
Lamiaceae

山香属
Mesosphaerum

山香 白骨消、臭草、假藿香、毛老虎、毛射香、山薄荷、蛇百子、药黄草

Mesosphaerum suaveolens (L.) Kuntze

植物形态：一年生芳香草本。茎粗壮，分枝，被平展糙硬毛。叶卵形或宽卵形，基部稍偏斜，边缘不规则波状，具细齿。聚伞花序组成总状或圆锥花序；花萼长约5毫米；花冠蓝色，外面除冠筒下部外被微柔毛。小坚果，成熟时呈暗褐色，侧扁。

物　　候：花果期全年。
分　　布：赣州市，少见于路旁、荒地。
危　　害：侵占本土植物生存空间，影响生物多样性，本省危害较小。
入侵等级：四级。

罗勒 家佩兰、九层塔、九重塔、兰香、佩兰、千层塔、小叶薄荷
Ocimum basilicum L.

唇形科
Lamiaceae

罗勒属
Ocimum

植物形态：一年生草本。茎钝四棱形，直立多分枝，绿色常染红色。叶卵圆形至卵圆状长圆形，边缘具不规则锯齿；叶具柄，具齿。总状花序顶生于茎、枝上；花萼钟形，有刺尖头和长缘毛；花冠二唇形，淡紫色或白色。小坚果卵珠形，黑褐色，基部有白色果脐。

物　　候：花期7-9月；果期9-12月。

分　　布：赣州市[赣县区、安远县（龙布镇）、瑞金市、兴国县、章贡区]、吉安市（井冈山市）、九江市（修水县），少见于路旁、荒地。

危　　害：侵占本土植物生存空间，影响生物多样性。

入侵等级：五级。

田野水苏
Stachys arvensis L.

唇形科 Lamiaceae

水苏属 Stachys

植物形态：一年生草本。茎细长，近直立至外倾，疏被微柔毛，多分枝。叶卵形，具圆齿，上面疏被柔毛，下面密被短柔毛，沿脉疏被柔毛。花梗被柔毛；花萼管状钟形，密被柔毛，内面上部被柔毛，萼齿披针状三角形，果时呈壶状；花冠红色，冠筒内藏，冠檐被微柔毛，内面无毛，上唇卵形，下唇中裂片圆形，侧裂片卵形。小坚果褐色，卵球形。

物　　候：花果期全年。

分　　布：全省均有分布，农田、荒地、路旁多种生境常见。

危　　害：造成农作物减产和本土生物多样性丧失。

入侵等级：四级。

藿香蓟 白花臭草、白毛苦、臭草、重阳草、胜红蓟、咸虾花
***Ageratum conyzoides* L.**

菊科 Asteraceae

藿香蓟属 *Ageratum*

植物形态： 一年生草本。茎被白色短或长柔毛。叶对生，有时上部互生，卵形或椭圆形或长圆形；基出三脉或不明显五出脉，边缘圆锯齿。头状花序在茎顶通常排成紧密的伞房状花序；花梗被短柔毛；总苞钟状或半球形，总苞片2层；花冠外淡紫色。瘦果黑褐色，5棱，有白色稀疏细柔毛。

物　　候： 花期1-12月；果期4-12月。

分　　布： 全省均有分布，农田、荒地、路旁多种生境常见。

危　　害： 造成农作物减产和本土生物多样性丧失。

入侵等级： 一级。

111

菊科
Asteraceae

藿香蓟属
Ageratum

熊耳草　心叶藿香蓟、紫花藿香蓟
Ageratum houstonianum **Mill.**

植物形态：一年生草本。茎不分枝，或下部茎枝平卧而节生不定根；茎枝被白色绒毛或薄绵毛。叶对生或上部叶近互生，卵形或三角状卵形，边缘有规则圆锯齿，两面被白色柔毛。头状花序在茎枝顶端排成伞房或复伞房花序；总苞钟状，苞片2层；花冠淡紫色，5裂，裂片外被柔毛。瘦果熟时黑色；冠毛膜片状，5个。

物　　候：花果期全年。

分　　布：全省均有分布，见于农田、荒地、路旁多种生境。

危　　害：造成农作物减产和本土生物多样性丧失。

入侵等级：三级。

豚草 艾叶破布草、美洲艾、普通豚草、豕草
Ambrosia artemisiifolia L.

菊科 Asteraceae

豚草属 *Ambrosia*

植物形态： 一年生草本。茎直立，上部有圆锥状分枝，有棱，被疏生密糙毛。下部叶对生，二次羽状分裂，长圆形至倒披针形，全缘；上部叶互生，无柄，羽状分裂。雄头状花序半球形或卵形，下垂，在枝端密集成总状花序；总苞宽半球形或碟形；总苞片全部结合，无肋，边缘具波状圆齿，稍被糙伏毛。瘦果倒卵形，无毛，藏于坚硬的总苞中。

物　候： 花期8-9月；果期9-10月。

分　布： 全省均有分布，荒地、路旁、林缘多种生境常见。

危　害： 花粉危害人畜健康，造成本土生物多样性丧失。

入侵等级： 一级。

婆婆针 刺针草、鬼针草
***Bidens bipinnata* L.**

菊科
Asteraceae

鬼针草属
Bidens

植物形态：一年生草本。茎无毛或上部疏被柔毛。叶对生，二回羽状分裂，顶生裂片窄，先端渐尖，边缘疏生不规则粗齿，两面疏被柔毛。头状花序；总苞杯形，外层总苞片5-7，线形，草质，被稍密柔毛，内层膜质，椭圆形，背面褐色，被柔毛；舌状花1-3，不育，舌片黄色；盘花筒状，黄色。瘦果线形，具瘤突及小刚毛，顶端具倒刺毛。

物　　候：花期8-9月；果期9-10月。

分　　布：全省均有分布，农田、荒地、路旁多种生境常见。

危　　害：造成农作物减产和本土生物多样性丧失。

入侵等级：三级。

大狼杷草　大狼耙草、接力草、外国脱力草（上海）
Bidens frondosa L.

植物形态： 一年生草本。茎直立，分枝，常带紫色。叶对生，一回羽状复叶，小叶3-5枚，披针形，边缘有粗锯齿。头状花序单生茎端和枝端，外层苞片通常8枚，披针形，叶状，内层苞片长圆形，膜质；无舌状花或极不明显，筒状花两性，5裂。瘦果扁平，狭楔形，顶端芒刺2枚，有倒刺毛。

物　候： 花期8-10月；果期9-12月。

分　布： 全省均有分布，农田、荒地、路旁多种生境常见。

危　害： 造成农作物减产和本土生物多样性丧失。

入侵等级： 一级。

菊科
Asteraceae

鬼针草属
Bidens

115

菊科
Asteraceae

鬼针草属
Bidens

鬼针草　白花鬼针草、豆渣菜、豆渣草、对叉草、盲肠草、粘连子、粘人草、三叶鬼针草、铁包针、虾钳草、蟹钳草、一包针、引线包
***Bidens pilosa* L.**

植物形态： 一年生草本。茎直立，钝四棱形，无毛或上部被疏柔毛。头状花序；总苞基部被柔毛，外层总苞片7-8，线状匙形，草质；无或有舌状花，盘花筒状，冠檐5齿裂。瘦果熟时黑色，线形，具棱，上部具稀疏瘤突及刚毛，顶端芒刺3-4，具倒刺毛。

物　　候： 花期6-8月；果期7-10月。

分　　布： 全省均有分布，农田、荒地、路旁多种生境常见。

危　　害： 造成农作物减产和本土生物多样性丧失。

入侵等级： 一级。

飞机草　大泽兰、香泽兰、黑头草、马鹿草、破坏草
Chromolaena odorata (L.) R. M. King & H. Rob.

菊科
Asteraceae

飞机草属
Chromolaena

植物形态：多年生草本。茎分枝粗壮，常对生，被黄色茸毛或柔毛。叶对生，三角形或卵状三角形，基部三脉，疏生不规则圆齿或全缘或每侧各有1粗大圆齿或3浅裂状。头状花序，花序梗密被柔毛；总苞圆柱形，总苞片3-4层。瘦果熟时黑褐色，5棱，无腺点，沿棱疏生白色贴紧柔毛。

物　　候：花果期4-12月。

分　　布：抚州市（广昌县）、赣州市、九江市（德安县）、南昌市（新建区）、上饶市（德兴市），见于林缘、荒地。

危　　害：侵占本土植物生存空间并造成本土生物多样性丧失。

入侵等级：二级。

117

菊科
Asteraceae

菊苣属
Cichorium

菊苣 蓝花菊苣、苦苣、卡斯尼、咖啡草、明目菜、皱叶苦苣
Cichorium intybus L.

植物形态：多年生草本。茎枝绿色，疏被弯曲糙毛或刚毛或几无毛。基生叶莲座状，倒披针状长椭圆形，大头羽状深裂或不裂，疏生尖锯齿，基部渐窄有翼柄；茎生叶卵状倒披针形或披针形，基部圆或戟形半抱茎，叶质薄，无柄。头状花序单生或排成穗状花序；总苞圆柱状，有长缘毛；舌状花蓝色。瘦果倒卵圆形、椭圆形或倒楔形，褐色，有棕黑色色斑。

物　　候：花果期5-10月。

分　　布：抚州市（东乡区）、吉安市、九江市、南昌市（进贤县），少见于路旁、荒地。

危　　害：侵占本土植物生存空间并造成本土生物多样性丧失。

入侵等级：五级。

大花金鸡菊 大花波斯菊
Coreopsis grandiflora Hogg ex Sweet

菊科
Asteraceae

金鸡菊属
Coreopsis

植物形态：多年生草本。茎无毛或基部被软毛。叶对生；基部叶有长柄、披针形或匙形；下部叶羽状全裂，裂片长圆形；中部及上部叶3-5深裂，裂片线形或披针形。头状花序单生，具长花序梗；总苞片披针形；托片线状钻形；舌状花6-10个，舌片宽大，黄色。瘦果宽椭圆形或近圆形，边缘翅较厚，内凹成耳状，内面有多数小瘤突。

物　　候：花期5-9月；果期6-10月。

分　　布：全省均有分布，常逸生于高速公路护坡、荒地等生境。

危　　害：侵占本土植物生存空间并造成本土生物多样性丧失。

入侵等级：四级。

119

剑叶金鸡菊 大金鸡菊、线叶金鸡菊、狭叶金鸡菊
Coreopsis lanceolata L.

菊科 Asteraceae

金鸡菊属 *Coreopsis*

植物形态： 一年生草本。茎无毛或基部被软毛，上部有分枝。基部叶成对簇生，匙形或线状倒披针形；上部叶全缘或3深裂，裂片长圆形或线状披针形；上部叶线形或线状披针形。头状花序单生茎端；总苞片近等长，披针形；舌状花黄色，舌片倒卵形或楔形；管状花窄钟形。瘦果圆形或椭圆形，边缘有宽翅，顶端有2短鳞片。

物　　候： 花期5-9月；果期6-10月。

分　　布： 全省均有分布，常逸生于高速公路护坡、荒地等生境。

危　　害： 侵占本土植物生存空间并造成本土生物多样性丧失。

入侵等级： 四级。

秋英 波斯菊、大波斯菊、格桑花、扫地梅
Cosmos bipinnatus Cav.

菊科
Asteraceae

秋英属
Cosmos

植物形态：一年生或多年生草本。茎无毛或稍被柔毛。叶二回羽状深裂。头状花序单生，总苞片外层披针形或线状披针形，近革质，淡绿色，具深紫色条纹；舌状花紫红色、粉红色或白色，舌片椭圆状倒卵形；管状花黄色，有披针状裂片。瘦果黑紫色，无毛，上端具长喙，有2-3尖刺。

物　　候：花期6-8月；果期9-10月。

分　　布：全省均有分布，多栽培，亦常见于路旁、荒地等生境。

危　　害：侵占本土植物生存空间并造成本土生物多样性丧失。

入侵等级：四级。

菊科
Asteraceae

秋英属
Cosmos

黄秋英 黄波斯菊、硫华菊、硫磺菊、硫黄菊
Cosmos sulphureus Cav.

植物形态：一年生草本。茎多分枝。叶为对生的二回羽状复叶，深裂，裂片呈披针形，叶缘粗糙，与大波斯菊相比叶片更宽。花为舌状花，有单瓣和重瓣两种，颜色多为黄色、金黄色、橙色、红色。瘦果棕褐色，坚硬，粗糙有毛，顶端有细长喙。

物　　候：花期6-7月；果期7-9月。

分　　布：全省均有分布，常见栽培，少逸生于路边、荒地。

危　　害：侵占本土植物生存空间并造成本土生物多样性丧失。

入侵等级：五级。

野茼蒿 冬风菜、假茼蒿、草命菜、昭和草
Crassocephalum crepidioides (Benth.) S. Moore

植物形态： 直立草本。叶膜质，椭圆形或长圆状椭圆形，边缘有不规则锯齿或重锯齿，或基部羽裂。头状花序在茎端排成伞房状；总苞钟状，有数枚线状小苞片，总苞片1层，线状披针形；小花全部管状，两性，花冠红褐色或橙红色。瘦果窄圆柱形，红色，白色冠毛多数，绢毛状。

物　　候： 花期7-12月；果期9-12月。

分　　布： 全省均有分布，多生于路边、灌丛、林缘等生境。

危　　害： 侵占本土植物生存空间并造成本土生物多样性丧失。

入侵等级： 二级。

菊科
Asteraceae

野茼蒿属
Crassocephalum

123

白花地胆草 牛舌草
Elephantopus tomentosus L.

菊科
Asteraceae

地胆草属
Elephantopus

植物形态： 多年生草本。茎多分枝，被白色开展长柔毛，具腺点。下部叶长圆状倒卵形，基部渐窄成具翅柄；上部叶椭圆形或长圆状倒卵形，近无柄，最上部叶极小；叶均有小尖锯齿，稀近全缘。头状花序12-20个在茎枝顶端密集成团球状复头状花序，花冠白色，漏斗状。瘦果长圆状线形。

物　　候： 花期8月至翌年5月；果期11月至翌年6月。

分　　布： 赣州市（会昌县、寻乌县）、九江市（柴桑区、庐山市），常生于山坡旷野、路边或灌木丛中。

危　　害： 侵占本土植物生存空间并造成本土生物多样性丧失。

入侵等级： 四级。

一年蓬 千层塔、治疟草
Erigeron annuus (L.) Desf.

菊科 Asteraceae

飞蓬属 *Erigeron*

植物形态：一年生或二年生草本。茎直立。基部叶长圆形或宽卵形，基部窄成具翅长柄，具粗齿；中部和上部叶长圆状披针形或披针形，有齿或近全缘；最上部叶线形。头状花序数个或多数，排成疏圆锥花序，总苞半球形，总苞片3层；外围雌花舌状，2层；舌片平展，白色或淡天蓝色，线形，先端具2小齿；中央两性花管状，黄色。瘦果披针形。

物　　候：花期6-9月；果期8-9月。

分　　布：全省均有分布，适生于路旁、荒地、草坡等多种生境。

危　　害：造成农作物减产及本土生物多样性丧失。

入侵等级：一级。

菊科
Asteraceae

飞蓬属
Erigeron

香丝草   蓑衣草、野地黄菊、野塘蒿
***Erigeron bonariensis* L.**

植物形态：一年生或二年生草本。茎密被贴短毛，兼有疏长毛。下部叶倒披针形或长圆状披针形，具粗齿或羽状浅裂；中部和上部叶具窄披针形或线形，中部叶具齿，上部叶全缘。头状花序在茎端排成总状或总状圆锥花序；总苞椭圆状卵形，总苞片2-3层，线形；雌花多层，白色，花冠细管状；两性花淡黄色，花冠管状。瘦果线状披针形。

物　　候：花期5-10月；果期6-11月。

分　　布：全省均有分布，适生于路旁、荒地、草坡等多种生境。

危　　害：造成农作物减产及本土生物多样性丧失。

入侵等级：二级。

126

小蓬草 飞蓬、蒿子草、加拿大蓬、小白酒草、小飞蓬
Erigeron canadensis L.

菊科
Asteraceae

飞蓬属
Erigeron

植物形态： 一年生草本。茎直立，被疏长硬毛。下部叶倒披针形，边缘具疏锯齿或全缘；中部和上部叶线状披针形或线形，全缘或少有具1-2个齿，两面和边缘常被上弯的硬毛。头状花序多数，排列成多分枝的大圆锥花序；总苞近圆柱状，线状披针形或线形；雌花多数，舌状，白色，舌片小，线形；两性花淡黄色，花冠管状。瘦果线状披针形，稍扁。

物　候： 花期5-9月；果期6-10月。

分　布： 全省均有分布，适生于路旁、荒地、草坡等多种生境。

危　害： 造成农作物减产及本土生物多样性丧失。

入侵等级： 一级。

127

春飞蓬
Erigeron philadelphicus L.

菊科
Asteraceae

飞蓬属
Erigeron

植物形态： 一年生或多年生草本。茎直立，全体被开展长硬毛及短硬毛。叶互生，基生叶莲座状，卵形或卵状倒披针形，两面被倒伏的硬毛，叶缘具粗齿；茎生叶半抱茎；中上部叶披针形或条状线形。头状花序数枚排成伞房或圆锥状花序；总苞半球形，披针形；舌状花2层，雌性，舌片线形；管状花两性，黄色。瘦果披针形，压扁，被疏柔毛。

物　候： 花期3-5月；果期4-6月。

分　布： 全省均有分布，适生于路旁、荒地、草坡等多种生境。

危　害： 造成农作物减产及本土生物多样性丧失。

入侵等级： 三级。

苏门白酒草　苏门白酒菊
***Erigeron sumatrensis* Retz.**

植物形态：一年生或二年生草本。茎被较密灰白色上弯糙毛，兼有疏柔毛。下部叶倒披针形或披针形，上缘有粗齿，基部全缘；中部和上部叶窄披针形或近线形，两面密被糙毛。头状花序多数，在茎枝端排成圆锥花序；总苞卵状短圆柱状，线状披针形或线形；雌花多层，舌片淡黄色或淡紫色，丝状；两性花花冠淡黄色。瘦果线状披针形，被贴微毛。

物　　候：花期5-10月；果期7-11月。

分　　布：全省均有分布，适生于路旁、荒地、草坡等多种生境。

危　　害：造成农作物减产及本土生物多样性丧失。

入侵等级：一级。

菊科
Asteraceae

飞蓬属
Erigeron

天人菊 虎皮菊、老虎皮菊
Gaillardia pulchella Foug.

菊科
Asteraceae

天人菊属
Gaillardia

植物形态： 一年生草本。茎被柔毛或锈色毛。下部叶匙形或倒披针形，边缘波状钝齿、浅裂或琴状分裂；上部叶长椭圆形、倒披针形或匙形，全缘或上部有疏锯齿或中部以上3浅裂；叶两面被伏毛。头状花序径5厘米左右；总苞片披针形，背面有腺点，基部密被长柔毛；舌状花黄色，基部带紫色，舌片宽楔形；管状花裂片三角形。瘦果基部被长柔毛。

物　　候： 花果期6-8月。

分　　布： 全省均有分布，常见栽培，偶见逸生。

危　　害： 侵占本土植物生存空间，影响生物多样性。

入侵等级： 五级。

130

牛膝菊   辣子草、铜锤草、向阳花、珍珠草
Galinsoga parviflora Cav.

植物形态： 一年生草本。茎多分枝，具浓密细毛。单叶对生，具叶柄，卵形至卵状披针形，叶缘细锯齿状。头状花多数，顶生，具花梗，呈伞状排列；总苞近球形；舌状花5，白色；筒状花黄色，多数。瘦果黑色。

物　　候： 花果期7-11月。

分　　布： 全省均有分布，路旁、山林、草地常见逸生。

危　　害： 侵占本土植物生存空间，造成本土生物多样性丧失。

入侵等级： 二级。

菊科
Asteraceae

牛膝菊属
Galinsoga

粗毛牛膝菊 睫毛牛膝菊
Galinsoga quadriradiata Ruiz & Pav.

菊科
Asteraceae

牛膝菊属
Galinsoga

植物形态：一年生草本。茎多分枝，具浓密细毛。单叶对生，卵形至卵状披针形，叶缘细锯齿状。头状花多数，顶生，呈伞状排列；总苞近球形；舌状花5，白色；筒状花黄色，多数，具冠毛。瘦果黑色。

物　　候：花期7-11月；果期9-12月。

分　　布：全省均有分布，路旁、山林、草地常见逸生。

危　　害：侵占本土植物生存空间，造成本土生物多样性丧失。

入侵等级：二级。

菊芋 番羌、鬼子姜、菊诸、五星草、洋姜、芋头
Helianthus tuberosus L.

菊科
Asteraceae

向日葵属
Helianthus

植物形态： 多年生草本。茎高达3米，被白色糙毛或刚毛。叶对生，卵圆形或卵状椭圆形，有粗锯齿，离基3出脉，上面被白色粗毛，下面被柔毛，叶脉有硬毛。头状花序单生枝端，有1-2线状披针形苞片，直立；总苞片多层，披针形，背面被伏毛；舌状花舌片黄色，长椭圆形；管状花花冠黄色。瘦果小，楔形，上端有2-4有毛的锥状扁芒。

物　　候： 花期8-9月；果期9-10月。

分　　布： 全省均有分布，路旁、草地常见逸生。

危　　害： 造成农作物减产及本土生物多样性丧失。

入侵等级： 四级。

133

滨菊
Leucanthemum vulgare Lam.

菊科
Asteraceae

滨菊属
Leucanthemum

植物形态：多年生草本。茎直立，被绒毛或卷毛至无毛。基生叶长椭圆形、倒披针形或倒卵形，边缘具圆或钝锯齿；中下部茎生叶长椭圆形或线状长椭圆形，耳状或近耳状半抱茎，中部以下或近基部有时羽状浅裂；上部叶渐小，有时羽状全裂；叶两面无毛。头状花序单生茎顶，或茎生排成疏散伞房状；舌片白色。瘦果无冠毛或舌状花瘦果有侧缘冠齿。

物　　候：花期5-8月；果期6-9月。

分　　布：全省均有分布，常见栽培，偶见逸生。

危　　害：侵占本土植物生存空间，造成本土生物多样性丧失。

入侵等级：五级。

微甘菊 假泽兰、薇金菊、薇甘菊、薇苷菊
Mikania micrantha Kunth

植物形态：多年生草本或灌木状攀缘藤本。茎匍匐或攀缘，被短柔毛或近无毛。中部叶三角状卵形至卵形，边缘具数个粗齿或浅波状圆锯齿，两面无毛；上部的叶渐小。头状花序多数，在枝端常排成复伞房花序状，含小花4朵，均为两性花；总苞片4枚，狭长椭圆形，总苞基部有一线状椭圆形的小苞叶；花有香气；花冠白色，脊状。瘦果黑色，被腺体。

物　　候：花期9-11月；果期11-12月。

分　　布：赣州市（寻乌县、会昌县），见于路旁、林缘、村庄等。

危　　害：藤蔓可密集覆盖其他植物，威胁其他植物的生长。

入侵等级：一级。

菊科
Asteraceae

假泽兰属
Mikania

135

银胶菊
Parthenium hysterophorus L.

菊科
Asteraceae

银胶菊属
Parthenium

植物形态： 一年生草本。茎直立，多分枝，具条纹，被短柔毛。茎下部和中部叶二回羽状深裂，卵形或椭圆形，羽片3-4对，小羽片卵状或长圆状，常具齿；上部叶无柄，羽裂，裂片线状长圆形，有时指状3裂。头状花序多数，在茎枝顶端排成伞房状，花序梗被粗毛；总苞宽钟形或近半球形；舌状花1层，白色；管状花多数。瘦果倒卵形，干时黑色。

物　　候： 花果期4-10月。

分　　布： 赣州市（定南县、寻乌县），少见于荒地、路边。

危　　害： 侵占本土植物生存空间，造成本土生物多样性丧失。

入侵等级： 五级。

136

假臭草　臭草、猫腥草、胜红蓟、咸虾花
Praxelis clematidea (Hieron. ex Kuntze) R.M. King & H. Rob.

菊科 Asteraceae

假臭草属 *Praxelis*

植物形态：一年生草本植物，全株被长柔毛。茎直立，多分枝。叶对生，卵圆形至菱形，具腺点，三脉，边缘明显齿状。头状花序生于茎、枝端，总苞钟形，总苞片4-5层。瘦果黑色，具3-4棱。种子顶端具一圈白色冠毛。

物　候：花期7-8月；果期9-10月。

分　布：全省均有分布，分布于路边、草坡、田埂等。

危　害：侵占本土植物生存空间，造成本土生物多样性丧失。

入侵等级：一级。

137

菊科
Asteraceae

一枝黄花属
Solidago

加拿大一枝黄花　黄莺、金棒草、麒麟草、幸福草
***Solidago canadensis* L.**

植物形态： 多年生草本，有长根状茎。茎直立。叶互生，披针形或线状披针形，近无柄，大多呈三出脉，边缘具锯齿。头状花序很小，在花序分枝上单面着生，多数弯曲的花序分枝与单面着生的头状花序，形成开展的圆锥花序；总苞片线状披针形。

物　　候： 花期9-11月；果期11-12月。

分　　布： 全省均有分布。

危　　害： 造成农作物减产并严重危害本土生物多样性。

入侵等级： 一级。

裸柱菊 假吐金菊、座地菊
Soliva anthemifolia (Juss.) R. Br.

植物形态：一年生矮小草本。茎极短，平卧。叶互生，二至三回羽状分裂，裂片线形，全缘或3裂，被长柔毛或近无毛，有柄。头状花序近球形，无梗，生于茎基部；总苞片2层；边缘的雌花多数，无花冠；中央的两性花少数，花冠管状，黄色，常不结实。瘦果倒披针形，扁平，有厚翅，花柱宿存。

物　　候：花果期全年。

分　　布：全省均有分布。

危　　害：造成农作物减产及本土生物多样性丧失。

入侵等级：三级。

菊科
Asteraceae

裸柱菊属
Soliva

菊科
Asteraceae

苦苣菜属
Sonchus

花叶滇苦菜 花叶滇苦荬菜、续断菊、断续菊
Sonchus asper (L.) Hill

植物形态：一年生草本。茎枝无毛或上部被腺毛。基生叶与茎生叶同，较小；中下部茎生叶长椭圆形、倒卵形、匙状或匙状椭圆形，柄基耳状抱茎或基部无柄；上部叶披针形，不裂，基部圆耳状抱茎；叶及裂片与抱茎圆耳边缘有尖齿刺，两面无毛。头状花序排成密伞房花序；总苞宽钟状；舌状小花黄色。瘦果倒披针状，褐色，两面各有3条细纵肋。

物　　候：花期5-9月；果期6-10月。

分　　布：全省均有分布，草坪、荒地、路边等多种生境均有分布。

危　　害：侵占本土植物生存空间，造成本土生物多样性丧失。

入侵等级：四级。

南美蟛蜞菊 穿地龙、地锦花、三裂蟛蜞菊、三裂叶蟛蜞菊
Sphagneticola trilobata (L.) Pruski

菊科
Asteraceae

蟛蜞菊属
Sphagneticola

植物形态：茎横卧地面，茎长可达2米以上。叶对生，椭圆形，叶上有3裂。头状花序，多单生，外围雌花1层，舌状，顶端2-3齿裂，黄色；中央两性花，黄色。瘦果具瘤突。

物　　候：花果期全年。

分　　布：赣州市、九江市（修水县）、南昌市（进贤县、经开区），少见于路旁、草坪、各类水体边缘。

危　　害：侵占本土植物生存空间，造成本土生物多样性丧失。

入侵等级：三级。

钻叶紫菀 白菊花、剪刀菜、九龙箭、土柴胡、钻形紫菀
***Symphyotrichum subulatum* (Michx.) G.L. Nesom**

菊科
Asteraceae

联毛紫菀属
Symphyotrichum

植物形态： 一年生草本。茎直立，无毛，基部有时带紫红色。基生叶倒披针形，花后凋落；茎中部叶线状披针形，无柄；上部叶渐狭窄，全缘，无柄，无毛。头状花序，多数在茎顶端排成圆锥状；总苞钟状，总苞片3-4层，线状钻形，无毛；舌状花细狭，淡红色；管状花多数，花冠短于冠毛。瘦果线状长圆形，稍扁，具边肋，两面各具1肋。

物　　候： 花期6-10月；果期8-10月。

分　　布： 全省均有分布，适生于路旁、荒地、草坡等多种生境。

危　　害： 造成农作物减产及本土生物多样性丧失。

入侵等级： 一级。

142

金腰箭 苦草、水慈姑、猪毛草
Synedrella nodiflora (L.) Gaertn.

菊科
Asteraceae

金腰箭属
Synedrella

植物形态：一年生草本。茎二歧分枝，被贴生粗毛或后脱毛。下部和上部叶具柄，宽卵形或卵状披针形，基部下延成翅状宽柄，两面被贴生、基部疣状糙毛。头状花序，常2-6簇生叶腋，或在顶端成扁球状，稀单生；小花黄色；总苞卵圆形或长圆形，被贴生糙毛，长圆形或线形，背面被疏糙毛或无毛；舌片椭圆形；管状花檐部4浅裂。瘦果倒锥形或倒卵状圆柱形，黑色。

物　　候：花果期6-10月。

分　　布：赣州市（石城县、寻乌县）、景德镇市（乐平市），少见。

危　　害：侵占本土植物生存空间，造成本土生物多样性丧失。

入侵等级：三级。

143

肿柄菊 灌木向日葵、墨西哥向日葵、树万寿菊、太阳菊
Tithonia diversifolia A. Gray

菊科 Asteraceae

肿柄菊属 *Tithonia*

植物形态： 一年生草本。株高达5米。茎密被短柔毛或下部脱毛。叶卵形、卵状三角形或近圆形，有时分裂，裂片卵形或披针形，有细锯齿，下面被柔毛，基出三脉，叶柄长。头状花序顶生于假轴分枝的长花序梗上；总苞片外层椭圆形或椭圆状披针形，基部革质，内层苞片长披针形；舌状花1层，黄色，舌片长卵形；管状花黄色。瘦果长椭圆形，被柔毛。

物　　候： 花果期9-11月。

分　　布： 抚州市（临川区），偶见栽培。

危　　害： 侵占本土植物生存空间，造成本土生物多样性丧失。

入侵等级： 三级。

羽芒菊   大衣扣、匍匐羽芒菊、野雏菊、羽芒雏菊
Tridax procumbens L.

植物形态：多年生铺地草本。茎被倒向糙毛或脱毛。中部叶披针形或卵状披针形，边缘有粗齿和细齿；上部叶卵状披针形或窄披针形，基部近浅裂。头状花序少数，单生茎、枝顶端；总苞钟形，背面被密毛，内层无毛；雌花1层，舌状，舌片长圆形，先端2-3浅裂；两性花多数，花冠管状，被柔毛。瘦果陀螺形或倒圆锥形，稀圆柱状，密被疏毛。

物 候：花期3-11月；果期4-12月。

分 布：赣州市（龙南市）、吉安市（泰和县），偶见栽培。

危 害：侵占本土植物生存空间，造成本土生物多样性丧失。

入侵等级：三级。

菊科
Asteraceae

羽芒菊属
Tridax

多花百日菊 山菊花、五色梅
Zinnia peruviana (L.) L.

菊科
Asteraceae

百日菊属
Zinnia

植物形态：一年生草本。叶披针形或窄卵状披针形，基部圆半抱茎，两面被糙毛，三出基脉在下面稍凸起。头状花序径2.5-3.8厘米，生枝端，排成伞房状圆锥花序，花序梗膨大呈圆柱状；总苞钟状，总苞片多层，长圆形，边缘稍膜质；舌状花黄色、紫红色或红色，舌片椭圆形，全缘或2-3齿裂；管状花红黄色，5裂，裂片长圆形，上面被黄褐色密茸毛。

物　　候：花期6-10月，果期7-11月。

分　　布：抚州市（崇仁县）、九江市、南昌市（湾里区）、上饶市、宜春市（靖安县、宜丰县），常见栽培，或公路旁逸生。

危　　害：侵占本土植物生存空间，造成本土生物多样性丧失。

入侵等级：四级。

南美天胡荽　香菇草
Hydrocotyle verticillata Thunb.

五加科
Araliaceae

天胡荽属
Hydrocotyle

植物形态：多年生匍匐草本。茎匍匐，蔓生，节上常生根。叶互生，叶片膜质，圆形或肾形，边缘波状，绿色，光亮。伞形花序，小花白色或淡黄绿色。果实略呈心形，两侧扁压，中棱在果熟时隆起，幼时表面草黄色，成熟时有紫色斑点。

物　　候：花期3-8月；果期5-10月

分　　布：全省均有分布，常分布于沟渠、水塘、湖岸等。

危　　害：侵占本土水生植物生存空间，造成本土生物多样性丧失。

入侵等级：二级。

伞形科
Apiaceae

细叶旱芹属
Cyclospermum

细叶旱芹

Cyclospermum leptophyllum (Pers.) Sprague ex Britton & P. Wilson

植物形态：一年生草本。茎多分枝，无毛。基生叶长圆形或长圆状卵形，3至4回羽状多裂，裂片线形；上部茎生叶3出，2至4回羽裂。花白色，复伞形花序无梗，稀短梗；伞形花序有花5-23，花梗不等长，无毛。果卵圆形。

物　　候：花期5月；果期6-7月。

分　　布：全省均有分布，多分布于荒地、路旁、灌丛。

危　　害：侵占本土植物生存空间，造成本土生物多样性丧失。

入侵等级：四级。

野胡萝卜 丁香萝卜、黄萝卜、红菜头、红萝卜、山萝卜、甘荀
Daucus carota L.

植物形态：二年生草本。株高50-120厘米。基生叶长圆形，二至三回羽状全裂，小裂片线形或披针形，先端尖；茎生叶近无柄，小裂片细小，被柔毛。复伞形花序，叶状总苞片多数，羽裂；总苞片线形，不裂或2-3裂；花白色，有时带淡红色。果实圆卵形，棱上有白色刺毛。

物　　候：花期5-7月；果期6-9月。

分　　布：全省均有分布，多分布于荒地、路旁、草地。

危　　害：侵占本土植物生存空间，造成本土生物多样性丧失。

入侵等级：三级。

伞形科
Apiaceae

胡萝卜属
Daucus

刺芹　刺芫荽、假香荽、假芫荽、节节花、缅芫荽、野香草、香信
Eryngium foetidum L.

伞形科
Apiaceae

刺芹属
Eryngium

植物形态： 二年生或多年生草本。株高达40厘米。茎无毛，上部3-5歧聚伞式分枝。基生叶披针形或倒披针形，两面无毛，有骨质锐锯齿；叶柄短、基部有鞘；茎生叶着生于叉状分枝基部，对生，无柄，有深锯齿。圆柱形头状花序生于茎分叉处及上部短枝，无花序梗；总苞片披针形，有1-3刺状锯齿；萼齿卵状披针形或卵状三角形；花瓣白色、淡黄色或淡绿色，先端内折。果卵圆形或球形，有鳞状或瘤状突起。

物　　候： 花期4-10月；果期6-12月。

分　　布： 宜春市（靖安县），少见。

危　　害： 侵占本土植物生存空间，造成本土生物多样性丧失，本省危害较小。

入侵等级： 五级。

参 考 文 献

陈宝雄, 孙玉芳, 韩智华, 黄宏坤, 张宏斌, 李垚奎, 张国良, 刘万学. 2020. 我国外来入侵生物防控现状、问题和对策[J]. 生物安全学报, 29(3): 157-163.

葛刚, 李恩香, 吴和平, 吴志强. 2010. 鄱阳湖国家级自然保护区的外来入侵植物调查[J]. 湖泊科学, 22(1): 93-97.

顾慧. 2014. 华东地区外来引种陆生植物入侵风险评估体系的构建[D]. 南京: 南京林业大学硕士学位论文.

国家环保总局. 2003. 关于发布中国第一批外来入侵物种名单的通知[EB/OL]. https://www.gov.cn/gongbao/content/2003/content_62285.htm[2023-10-8].

何伟民, 丁思统, 蔡清平, 吴晓清, 陈衍林, 罗南方, 孙乐, 李莉萍, 刘正华, 夏晓兰. 2004. 赣南树木园引种试验系统分析研究[J]. 江西林业科技, 1-35, 41.

胡天印, 蒋华伟, 方芳, 郭水良. 2007. 庐山风景区的外来入侵植物[J]. 江西林业科技, (3): 19-21, 23.

胡婉婷, 臧敏, 林智慧, 王小湾, 魏盼琴, 邹天娥. 2019. 江西三清山外来植物[J]. 亚热带植物科学, 48(1): 70-76.

环境保护部. 2010. 关于发布中国第二批外来入侵物种名单的通知[EB/OL]. https://www.mee.gov.cn/gkml/hbb/bwj/201001/t20100126_184831.htm[2023-10-8].

环境保护部, 中国科学院. 2014. 关于发布中国外来入侵物种名单(第三批)的公告[EB/OL]. https://www.mee.gov.cn/gkml/hbb/bgg/201408/t20140828_288367.htm[2023-10-8].

环境保护部, 中国科学院. 2016. 中国自然生态系统外来入侵物种名单(第四批)[EB/OL]. https://www.mee.gov.cn/gkml/hbb/bgg/201612/t20161226_373636.htm[2023-10-8].

黄国勤, 黄秋萍. 2006. 江西省生物入侵的现状、危害及对策[J]. 气象与减灾研究, 29(1): 51-55.

季春峰, 王智, 钱萍. 2009. 江西外来入侵植物的初步研究[J]. 湖北林业科技, (157): 27-31.

金效华, 林秦文, 赵宏. 2020. 中国外来入侵植物志(第四卷)[M]. 上海: 上海交通大学出版社.

鞠建文, 王宁, 郭永久, 周小军, 吴星星. 2011. 江西省外来入侵植物现状分析[J]. 井冈山大学学报(自然科学版), 32(1): 126-130.

李振宇, 解焱. 2002. 中国外来入侵种[M]. 北京: 中国林业出版社.

刘全儒, 张勇, 齐淑艳. 2020. 中国外来入侵植物志(第三卷)[M]. 上海: 上海交通大学出版社.

刘信中, 王琅, 葛刚, 刘少昌, 丁冬荪, 宗道生, 欧阳珊, 谭策铭, 邹芹. 2010. 江西庐山自然保护区科学考察与生物多样性研究[M]. 北京: 科学出版社.

吕泽丽, 郑泽华, 曾宪锋, 邱贺媛, 魏燕君, 黄丽娜. 2014. 2种江西归化植物新记录[J]. 福建林业科技, 41(2): 125-126, 165.

马金双, 李惠茹. 2018. 中国外来入侵植物名录[M]. 北京: 高等教育出版社.

庞淑婷, 刘颖, 朱志远. 2015. 国内外防止外来物种入侵管理策略研究进展[J]. 农学学报, 5(12): 99-103.

孙旭. 2015. 我国外来物种入侵环境风险评价制度研究[D]. 郑州: 郑州大学硕士学位论文.

孙燕. 2012. 庐山自然保护区不同海拔公路路域外来植物的研究[J]. 科学技术与工程, 12(16): 3910-3912, 3916.

万方浩, 谢丙炎, 褚栋. 2008. 生物入侵: 管理篇[M]. 北京: 科学出版社.

万慧霖, 冯宗炜, 庞宏东. 2008. 庐山外来植物物种[J]. 生态学报, 28(1): 103-110.

汪玉如, 刘仁林, 廖为明. 2010. 江西南部外来植物多样性与生态安全分析[J]. 江西农业大学学报, 32(6): 1209-1217.

汪远, 李惠茹, 马金双. 2015. 上海外来植物及其入侵等级划分[J]. 植物分类与资源学报, 37(2): 185-202.

王宁. 2010. 江西省外来入侵植物入侵性与克隆性研究[J]. 井冈山大学学报(自然科学版), 31(2): 108-112.

王宁, 杜丽, 周兵, 闫小红. 2013. 中国外来观赏入侵植物的种类与来源及其风险评价[J]. 华中农业大学学报, 32(4): 28-32.

王瑞江, 王国发, 曾宪锋. 2020. 中国外来入侵植物志(第二卷)[M]. 上海: 上海交通大学出版社.

吴雪惠, 高丽琴, 毛丽云, 姜轶涵, 杨光耀, 唐明. 2021. 江西省外来植物现状[J]. 生物安全学报, 30(4): 250-255.

熊兴旺. 2013. 江西省外来入侵物种影响及防范对策初探[J]. 科技广场, (7): 31-34.

徐向荣, 陈京, 徐攀, 姚振生. 2012. 江西桃红岭自然保护区外来植物入侵种的分析[J]. 江西科学, 30(6): 753-756.

闫小玲, 严靖, 王樟华, 李惠茹. 2020. 中国外来入侵植物志(第一卷)[M]. 上海: 上海交通大学出版社.

严靖, 唐赛春, 李惠茹, 王樟华. 2020. 中国外来入侵植物志(第五卷)[M]. 上海: 上海交通大学出版社.

严靖, 王樟华, 闫小玲, 李惠茹, 马金双. 2017. 江西省8种外来植物分布新记录[J]. 植物资源与环境学报, 26(3): 118-120.

严靖, 闫小玲. 2024. 华东归化植物图鉴[M]. 郑州: 河南科学技术出版社.

严靖, 闫小玲, 马金双. 2016. 中国外来入侵植物彩色图鉴[M]. 上海: 上海科学技术出版社.

袁帅. 2013. 九江地区森林群落外来植物种类和影响因素[D]. 北京: 北京林业大学硕士学位论文.

曾宪锋, 邱贺媛. 2013. 江西省2种外来入侵植物新记录[J]. 贵州农业科学, 41(1): 107-108.

曾宪锋, 邱贺媛, 马金双. 2012. 江西省2种大戟属新归化植物[J]. 广东农业科学, 20: 151, 158.

张杰. 2015. 鄱阳湖南矶山湿地自然保护区的外来入侵物调查与分析[J]. 热带亚热带植物学报, 23(4): 419-427.

赵磊, 葛刚, 刘以珍, 谭策铭. 2008. 庐山保护区外来种子植物分析[J]. 江西科学, 26(1): 155-160, 169.

郑景明, 徐满, 孙燕, 万慧霖, 梁同军. 2011. 庐山自然保护区内外公路路缘外来植物组成对比[J]. 北京林业大学学报, 33(3): 51-56.

周志光, 吴柏斗, 吴雪惠, 唐明, 赵尊康, 罗若春. 2023. 江西省2种新纪录外来入侵植物[J]. 生物灾害科学, 46(2): 132-135.

中文名索引

A

阿拉伯婆婆纳　102
凹头苋　066

B

白苞猩猩草　042
白车轴草　034
白花草木樨　027
白花地胆草　124
斑地锦　045
棒叶落地生根　017
北美车前　099
北美独行菜　059
扁穗雀麦　007
滨菊　134

C

长春花　083
草胡椒　002
草木樨　028
臭荠　058
垂序商陆　073
春飞蓬　128
刺果毛茛　015
刺芹　150
刺苋　070
粗毛牛膝菊　132

D

大花金鸡菊　119
大花马齿苋　078
大狼杷草　115
大麻　035
大藻　003
大叶落地生根　016

豆瓣菜　060
多花百日菊　146
多花黑麦草　009

F

飞机草　117
飞扬草　043
粉花月见草　053
粉绿狐尾藻　018
凤仙花　080
凤眼蓝　005

G

关节酢浆草　038
光荚猪屎豆　022
光荚含羞草　029
鬼针草　116

H

含羞草　030
黑麦草　010
红车轴草　033
红花酢浆草　039
红毛草　011
花叶滇苦菜　140
黄菖蒲　004
黄花月见草　050
黄秋英　122
藿香蓟　111

J

蒺藜草　008
加拿大一枝黄花　138
假臭草　137
假刺苋　068
假酸浆　093

剑叶金鸡菊　120
金腰箭　143
菊苣　118
菊芋　133

K

苦味叶下珠　047
苦蘵　094
阔叶丰花草　081

L

老鸦谷　067
两耳草　013
裂叶月见草　051
瘤梗番薯　085
龙珠果　041
绿穗苋　069
罗勒　109
裸柱菊　139
落葵薯　076

M

马利筋　082
马缨丹　104
麦蓝菜　063
麦仙翁　061
曼陀罗　092
蔓马缨丹　105
猫爪藤　103
毛果茄　098
毛曼陀罗　090
美丽月见草　054
苜蓿　026

N

南美蟛蜞菊　141

153

南美山蚂蝗 023
南美天胡荽 147
南苜蓿 025

N

茑萝 088
牛茄子 095
牛膝菊 131

P

婆婆针 114
铺地黍 012
匍匐大戟 046

Q

牵牛 086
苘麻 055
秋英 121
球序卷耳 062

S

赛葵 057
三角紫叶酢浆草 040
三裂叶薯 089
山桃草 052
山香 108
珊瑚樱 096
水茄 097

丝毛雀稗 014
四季秋海棠 037
苏门白酒草 129

T

天人菊 130
田菁 032
田野水苏 110
通奶草 044
土荆芥 072
土人参 077
豚草 113

W

望江南 031
微甘菊 135
无瓣繁缕 064
五叶地锦 019
五爪金龙 084

X

喜旱莲子草 065
细叶旱芹 148
细叶满江红 001
细长马鞭草 107
狭叶马鞭草 106
仙人掌 079
香丝草 126

小蓬草 127
小叶冷水花 036
熊耳草 112

Y

洋金花 091
野甘草 100
野胡萝卜 149
野老鹳草 048
野青树 024
野茼蒿 123
野西瓜苗 056
野燕麦 006
叶子花 074
一年蓬 125
银胶菊 136
银荆 020
羽芒菊 145
圆叶牵牛 087
月见草 049

Z

直立婆婆纳 101
肿柄菊 144
皱果苋 071
猪屎豆 021
紫茉莉 075
钻叶紫菀 142

拉丁名索引

A

Abutilon theophrasti　055
Acacia dealbata　020
Ageratum conyzoides　111
Ageratum houstonianum　112
Agrostemma githago　061
Alternanthera philoxeroides　065
Amaranthus blitum　066
Amaranthus cruentus　067
Amaranthus dubius　068
Amaranthus hybridus　069
Amaranthus spinosus　070
Amaranthus viridis　071
Ambrosia artemisiifolia　113
Anredera cordifolia　076
Asclepias curassavica　082
Avena fatua　006
Azolla filiculoides　001

B

Begonia cucullata　037
Bidens bipinnata　114
Bidens frondosa　115
Bidens pilosa　116
Bougainvillea spectabilis　074
Bromus catharticus　007

C

Cannabis sativa　035
Catharanthus roseus　083
Cenchrus echinatus　008
Cerastium glomeratum　062
Chromolaena odorata　117
Cichorium intybus　118
Coreopsis grandiflora　119

Coreopsis lanceolata　120
Cosmos bipinnatus　121
Cosmos sulphureus　122
Crassocephalum crepidioides　123
Crotalaria pallida　021
Crotalaria trichotoma　022
Cyclospermum leptophyllum　148

D

Datura innoxia　090
Datura metel　091
Datura stramonium　092
Daucus carota　149
Desmodium tortuosum　023
Dysphania ambrosioides　072

E

Eichhornia crassipes　005
Elephantopus tomentosus　124
Erigeron annuus　125
Erigeron bonariensis　126
Erigeron canadensis　127
Erigeron philadelphicus　128
Erigeron sumatrensis　129
Eryngium foetidum　150
Euphorbia heterophylla　042
Euphorbia hirta　043
Euphorbia hypericifolia　044
Euphorbia maculata　045
Euphorbia prostrata　046

G

Gaillardia pulchella　130
Galinsoga parviflora　131
Galinsoga quadriradiata　132
Geranium carolinianum　048

155

Gypsophila vaccaria 063

H

Helianthus tuberosus 133
Hibiscus trionum 056
Hydrocotyle verticillata 147

I

Impatiens balsamina 080
Indigofera suffruticosa 024
Ipomoea cairica 084
Ipomoea lacunosa 085
Ipomoea nil 086
Ipomoea purpurea 087
Ipomoea quamoclit 088
Ipomoea triloba 089
Iris pseudacorus 004

K

Kalanchoe daigremontiana 016
Kalanchoe delagoensis 017

L

Lantana camara 104
Lantana montevidensis 105
Lepidium didymum 058
Lepidium virginicum 059
Leucanthemum vulgare 134
Lolium multiflorum 009
Lolium perenne 010

M

Macfadyena unguis-cati 103
Malvastrum coromandelianum 057
Medicago polymorpha 025
Medicago sativa 026
Melilotus albus 027
Melilotus suaveolens 028
Melinis repens 011
Mesosphaerum suaveolens 108
Mikania micrantha 135

Mimosa bimucronata 029
Mimosa pudica 030
Mirabilis jalapa 075
Myriophyllum aquaticum 018

N

Nasturtium officinale 060
Nicandra physalodes 093

O

Ocimum basilicum 109
Oenothera biennis 049
Oenothera glazioviana 050
Oenothera laciniata 051
Oenothera lindheimeri 052
Oenothera rosea 053
Oenothera speciosa 054
Opuntia dillenii 079
Oxalis articulata 038
Oxalis debilis 039
Oxalis triangularis 040

P

Panicum repens 012
Parthenium hysterophorus 136
Parthenocissus quinquefolia 019
Paspalum conjugatum 013
Paspalum urvillei 014
Passiflora foetida 041
Peperomia pellucida 002
Phyllanthus amarus 047
Physalis angulata 094
Phytolacca americana 073
Pilea microphylla 036
Pistia stratiotes 003
Plantago virginica 099
Portulaca grandiflora 078
Praxelis clematidea 137

R

Ranunculus muricatus 015

S

Scoparia dulcis   100

Senna occidentalis   031

Sesbania cannabina   032

Solanum capsicoides   095

Solanum pseudocapsicum   096

Solanum torvum   097

Solanum viarum   098

Solidago canadensis   138

Soliva anthemifolia   139

Sonchus asper   140

Spermacoce alata   081

Sphagneticola trilobata   141

Stachys arvensis   110

Stellaria pallida   064

Symphyotrichum subulatum   142

Synedrella nodiflora   143

T

Talinum paniculatum   077

Tithonia diversifolia   144

Tridax procumbens   145

Trifolium pratense   033

Trifolium repens   034

V

Verbena brasiliensis   106

Verbena rigida   107

Veronica arvensis   101

Veronica persica   102

Z

Zinnia peruviana   146